高等学校计算机基础教育教材精选

大学计算机

——计算、构造与设计实验指导

吴宁　主编

杨振平　贾应智　夏秦　编著

清华大学出版社

北　京

内 容 简 介

本书为《大学计算机——计算、构造与设计（第 2 版）》的配套教材。考虑到读者群的特点，本书在与主教材配套内容之外，还增加了包括系统基本操作、办公软件应用、无线组网技术等有关计算机的基本应用技能的内容。全书内容按照基本操作技能、硬件系统构造、C 程序设计、算法与数据结构 4 个模块组织，共分 10 章，内容包括计算机系统基本操作，文档编辑，演示文稿制作，电子表格应用，逻辑电路仿真设计，计算机网络及应用，C 程序设计基础，数组、函数和指针，简单算法设计，数据结构基础，以配合主教材进一步加强对自底向上的系统构造过程的理解，提升利用计算机求解问题的能力。

本书可作为普通高等院校理工类专业本科学生学习计算机基础知识和 C 语言程序设计的实验指导教材，也可作为独立的 C 语言程序设计实验指导书或计算机基本应用操作指导书，供自学计算机技术的广大读者参考。

图书在版编目（CIP）数据

大学计算机：计算、构造与设计实验指导/吴宁主编. —北京：清华大学出版社，2016（2021.1重印）
高等学校计算机基础教育教材精选
ISBN 978-7-302-44646-0

Ⅰ．①大…　Ⅱ．①吴…　Ⅲ．①电子计算机－高等学校－教材　Ⅳ．①TP3

中国版本图书馆 CIP 数据核字（2016）第 179439 号

责任编辑：焦　虹　战晓雷
封面设计：何凤霞
责任校对：焦丽丽
责任印制：杨　艳

出版发行：清华大学出版社
　　　　网　　　址：http://www.tup.com.cn，http://www.wqbook.com
　　　　地　　　址：北京清华大学学研大厦 A 座　　　　邮　　编：100084
　　　　社 总 机：010-62770175　　　　邮　　购：010-83470235
　　　　投稿与读者服务：010-62776969，c-service@tup.tsinghua.edu.cn
　　　　质量反馈：010-62772015，zhiliang@tup.tsinghua.edu.cn
　　　　课件下载：http://www.tup.com.cn，010-83470236
印 刷 者：北京富博印刷有限公司
装 订 者：北京市密云县京文制本装订厂
经　　销：全国新华书店
开　　本：185mm×260mm　　　印　　张：16.5　　　字　　数：383 千字
版　　次：2016 年 9 月第 1 版　　　印　　次：2021 年 1 月第 7 次印刷
定　　价：39.80元

产品编号：068936-02

出版说明

在教育部关于高等学校计算机基础教育三层次方案的指导下,我国高等学校的计算机基础教育事业蓬勃发展。经过多年的教学改革与实践,全国很多学校在计算机基础教育这一领域中积累了大量宝贵的经验,取得了许多可喜的成果。

随着科教兴国战略的实施以及社会信息化进程的加快,目前我国的高等教育事业正面临着新的发展机遇,但同时也必须面对新的挑战。这些都对高等学校的计算机基础教育提出了更高的要求。为了适应教学改革的需要,进一步推动我国高等学校计算机基础教育事业的发展,我们在全国各高等学校精心挖掘和遴选了一批经过教学实践检验的优秀的教学成果,编辑出版了这套教材。教材的选题范围涵盖了计算机基础教育的三个层次,包括面向各高校开设的计算机必修课、选修课以及与各类专业相结合的计算机课程。

为了保证出版质量,同时更好地适应教学需求,本套教材将采取开放的体系和滚动出版的方式(即成熟一本、出版一本,并保持不断更新),坚持宁缺毋滥的原则,力求反映我国高等学校计算机基础教育的最新成果,使本套丛书无论在技术质量上还是文字质量上均成为真正的"精选"。

清华大学出版社一直致力于计算机教育用书的出版工作,在计算机基础教育领域出版了许多优秀的教材。本套教材的出版将进一步丰富和扩大我社在这一领域的选题范围、层次和深度,以适应高校计算机基础教育课程层次化、多样化的趋势,从而更好地满足各学校由于条件、师资和生源水平、专业领域等的差异而产生的不同需求。我们热切期望全国广大教师能够积极参与到本套丛书的编写工作中来,把自己的教学成果与全国的同行们分享;同时也欢迎广大读者对本套教材提出宝贵意见,以便我们改进工作,为读者提供更好的服务。

我们的电子邮件地址是 jiaoh@tup.tsinghua.edu.cn。联系人:焦虹。

清华大学出版社

前言

本书是《大学计算机——计算、构造与设计(第 2 版)》的配套教材,在内容设置上保持了与主教材内容相呼应,又增加了理工类专业本科生应知应会的一些计算机基本应用技能,如操作系统应用、专业文献检索方法、矢量图绘制、多媒体信息处理、办公软件应用、网络命令与无线组网技术、数字证书制作等。

通过主教材及本书的学习,学生在以下 4 个方面的能力将会得到提升:

(1) 对计算机的理解能力。通过对计算机基本理论和基础知识的学习,将会帮助学生理解以下问题:

- 什么样的问题是计算机可以解决的? 什么样的问题是计算机没有能力解决的? 亦即计算机的能力边界是什么?
- 计算机内部有怎样的结构? 是怎么工作的? 为什么可以同时打开多个"窗口"? 为什么大家都希望内存越大越好?
- 网络上的信息是如何传送的? 如何最大限度保证在网络上传输信息的安全性?

(2) 构造思维能力。利用仿真软件,通过从基本逻辑门到运算器的构造过程设计实验,了解计算机系统自底向上的构造的思路和方法,具备一定的构造思维能力,培养进行系统设计的重要素质。

(3) 逻辑思维能力和利用计算机求解问题的能力。计算机的工作就是执行程序,我们希望计算机帮我们完成的所有工作都必须用程序语言来描述。学习程序设计,可以提高逻辑思维能力和利用计算机解决问题的能力。同时,也能够借此真正了解计算机是如何工作的。只有掌握了一定的编程技术,才能说具备了利用计算机求解问题的能力。C 语言是最通用的高级程序设计语言,学会 C 语言程序设计,不仅可以实现各种信息处理,还可以在嵌入式系统开发和接口控制系统设计中大显身手。

(4) 常用工具软件的应用能力和自信。本书提供了一些常用软件、信息检索方法等工具的详细应用说明。对于初学者,掌握了计算机的这些基本操作,不仅会为自己的工作和学习带来很多便利,更主要的是对计算机的各种操作不再有惧怕之心,从而提升自信。

本书由吴宁(第 1、2 章)、杨振平(第 7~10 章)、贾应智(第 3、4 章)和夏秦(第 5、6 章)编写,吴宁负责统稿。本书在编写过程中得到首届国家级教学名师冯博琴教授的指点,以及同事陈文革、谢涛等老师的帮助。作者在此表示衷心的感谢。

虽然本书已实际应用于课堂教学两年,但依然难免有错误和不妥之处,希望使用本教材的广大师生不吝指正。

作　者

2016 年 6 月

目录

第 1 章 计算机系统基本操作

在现代信息社会,计算机已成为人类生活中不可缺少的一部分,每个人都要会使用计算机。作为未来的专业技术人员,更需要能够利用计算机解决各种专业问题。本章提供一些基本的操作指导,为最终达到"会用计算机"奠定基础。

1.1 系统认知与基本操作简介

本节以 Windows 7 为例,简要介绍 Windows 操作系统的一些基本应用及软件的安装与删除方法。

1.1.1 Windows 基本操作

1. 界面属性设置

进入 Windows,在桌面上右击,在弹出的快捷菜单中选择不同的选项(图 1-1),就可以设置 Windows 桌面背景、屏幕保护方式、屏幕分辨率等各种屏幕属性。例如,在快捷菜单中选择"个性化"命令,就进入如图 1-2 所示的对话框。

2. 窗口操作

对打开的任何一个窗口,都可以进行以下操作:

(1)最大化窗口。可以单击标题栏右侧的"最大化"按钮。当一个窗口被最大化后,原来的"最大化"按钮将变为"还原"按钮。

(2)最小化窗口。可以单击标题栏右侧的"最小化"按钮,将当前窗口缩为任务按钮显示在任务栏中。单击任务栏中的该任务按钮,将重新显示该窗口。

(3)关闭窗口。可以单击标题栏右侧的"关闭"按钮,或者双击标题栏左侧的控制菜单按钮。

(4)调整窗口。操作步骤如下:

• 将鼠标指针移到窗口的边框或角上,使鼠标指针变为双向箭头。

图 1-1　Windows 7 桌面

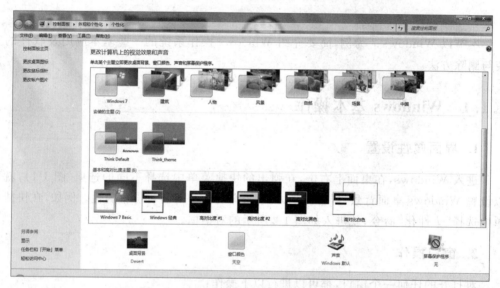

图 1-2　Windows 7 桌面"个性化"参数设置

- 按住鼠标左键并拖曳即可调整窗口的大小。
- 当窗口大小合适后,释放鼠标左键。

（5）移动窗口。可以将鼠标指向标题栏,然后按住鼠标左键将窗口拖到屏幕上的合适位置。

（6）窗口切换。同一时刻只能对一个窗口进行操作,这个窗口称为活动窗口。如果要在多个窗口之间切换,可以单击要进行操作的窗口,该窗口即成为活动窗口。或者按Alt＋Tab 键来选定想激活的窗口。

3．屏幕复制

按键盘上的 PrintScreen 键，可以将当前屏幕显示的全部内容复制下来。包括处于活动状态的界面（亮色）和非活动状态的界面（灰色）。如果仅希望复制活动状态的界面，则需要同时按下两个键：Alt＋PrintScreen。此时就仅复制当前处于活动状态的界面。图 1-3 给出了相同条件下的两种屏幕复制方式，对比一下，可以看出它们的区别。

(a) 按PrintScreen键的结果

(b) 按Alt+PrintScreen键的结果

图 1-3　两种屏幕复制方法

4. Windows 资源管理器

Windows 利用资源管理器对文件进行管理,实现对文件的按名存取,以及新建、删除、重命名等各种操作。进入 Windows 7 操作系统桌面后,单击左下方的 Windows 图标,选择"所有程序"→"附件"→"Windows 资源管理器"命令(图 1-4),就进入资源管理器窗口(图 1-5)。

图 1-4　进入资源管理器

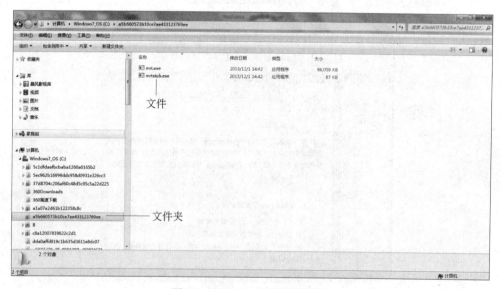

图 1-5　Windows7 资源管理器

文件是一个具有名字的一组相关信息的集合,是操作系统管理信息的基本单位。文件名由两部分组成：基本名和扩展名。基本名与扩展名之间用"."连接。文件类型通常用文件扩展名来区分。

文件一般有两种存储方式：二进制文件和 ASCII 码文件。ASCII 码文件又称文本文件，是一个字节存储一个符号，而且有统一的编码标准，因此与其他应用程序交互起来容易、方便。而二进制文件是以不同长度的二进制码为单位进行存储的，因此只有知道文件的存取格式，才能将文件内容正确读取出来。

在资源管理器中，文件按树形结构组织，在图 1-5 所示的 Windows 7 资源管理器窗口中，左侧是树形目录结构。目录又称文件夹，将若干个文件集中放于一处，并起一个名字（目录名），就是目录。目录是面向用户的文件结构与文件在磁盘上的存储位置的联系，可以向用户显示文件在磁盘上的存放处。一个磁盘可以有多个分区，每个分区是一个根目录（如 C 盘等），根目录下可以建立子目录，子目录下还可以再建立子目录，由此形成一棵目录树。

Windows 资源管理器除了对文件进行管理以及支持对文件的各项基本操作外，还支持文件属性查询、文件查找、选定（连续选定多个文件、不连续选定多个文件）等多项其他操作。以下简要介绍几种常用操作。

1）创建文件夹

为了便于管理，可以创建不同的文件夹来存放不同用途的文件。如果要创建新的文件夹，可以按照下述步骤进行操作：

（1）从"我的电脑"窗口中选定需要创建新文件夹的位置。

（2）选择"文件"→"新建"→"文件夹"命令，这时会出现一个名为"新建文件夹"的文件夹图标。

（3）在新文件夹图标下方的文本框中输入新的名称，按 Enter 键即可。

也可以在需要创建新文件夹的位置上右击，从弹出的快捷菜单中选择"新建"→"文件夹"命令，生成一个名为"新建文件夹"的文件夹，输入新名称即可。

2）移动文件和文件夹

有时需要将文件从一个文件夹转移到另一个文件夹中，可以按照下述步骤进行操作：

（1）选定要移动的文件或文件夹。

（2）选择"编辑"菜单中的"剪切"命令或按 Ctrl＋X 键。

（3）打开目标文件夹。

（4）选择"编辑"菜单中的"粘贴"命令或按 Ctrl＋V 键。

另外，也可以用鼠标拖动的方法：

- 如果是在同一个驱动器中的不同文件夹之间进行移动，直接将选定的文件或文件夹拖动到目标文件夹即可。
- 如果是在不同的驱动器之间进行移动，按住 Shift 键后将选定的文件或文件夹拖动到目标文件夹即可。

3）复制文件或文件夹

文件或文件夹的备份可以通过复制操作来完成。具体操作步骤如下：

（1）选定要复制的文件或文件夹。

（2）选择“编辑”菜单中的“复制”命令或按 Ctrl+C 键。

（3）打开目标文件夹。

（4）选择“编辑”菜单中的“粘贴”命令或按 Ctrl+V 键。

另外，也可以用鼠标拖动的方法：

- 如果是在同一个驱动器中的不同文件夹之间进行复制，先按住 Ctrl 键，然后将选定的文件或文件夹拖动到目标文件夹即可。如果目标文件夹和源文件夹是同一个文件夹，则复制的文件的副本文件名前会自动加上“复件”两字。
- 如果是在不同的驱动器之间进行复制，直接将选定的文件或文件夹拖动到目标文件夹即可。

4）删除文件或文件夹

在计算机的使用中，应该及时删除无用的文件和文件夹。具体操作步骤如下：

（1）选定要删除的文件或文件夹。

（2）按键盘上的 Delete 键。或者右击要删除的文件或文件夹，从弹出的快捷菜单中选择“删除”命令。

如果想直接删除硬盘上的对象而不放入“回收站”，只需在选定对象后按 Shift+Delete 键即可。

5）重命名文件或文件夹

如果要更改文件或文件夹的名称，可以按照下述步骤进行操作：

（1）选定要改名的文件或文件夹。

（2）右击，从弹出的快捷菜单中选择“重命名”命令。此时，选定的名称被加上了方框，在此方框中输入一个新名称，然后按 Enter 键即可。

6）文件的查找

要想快速搜索到存储的文件，可以利用资源管理器右上方的“搜索”功能。

1.1.2　软件的安装与删除

一般软件的安装有以下几种方法：直接启动安装程序、光盘安装、“控制面板”中的“添加/删除程序”安装等。在启动软件安装向导后，安装程序和 Windows 系统通常执行如下步骤：

（1）安装程序做安装前的准备工作，主要是计算空间需求，将需要安装的文件解压复制到临时文件夹里，这些复制到临时文件夹里的备用文件在安装完成以后会被自动删除。

（2）当新软件准备好需要的所有文件信息以后，询问用户是否接受软件的许可协议，请用户输入用户信息（名称、单位名称、注册号），选择安装类型（在自定义安装类型中，用户可以更改新软件的安装目录）。此时进入“已准备好安装程序”的状态，单击“安装”按钮就可以开始安装。

（3）新软件在安装过程中依次做以下几件事情：复制新文件，将安装源磁盘（光盘或者存放安装程序压缩包的文件夹）中有用的文件复制到用户指定的安装目录下；更新注册表值，即将新软件的信息写入 Windows 注册表，其中可选择是否设置修改和卸载参数，若设置则可使用"添加/删除程序"支持组件更改或删除;创建快捷方式,在 Windows"开始"菜单或桌面上添加新软件的快捷方式;添加启动项信息,有些新软件会自动将其自身添加到 Windows 开机启动项内;删除临时安装文件。

(4) 安装向导显示安装完成以后,有些软件可直接启动运行。还有一些软件则需要重新启动计算机才能正确运行。这是因为新软件安装时向系统目录中写入了 DLL 文件,而在原有系统中同名的 DLL 文件已存在,因此当前不能被新版本文件替换掉。计算机重启过程中执行了新版 DLL 的替换过程,以保证新安装软件正确运行。由于新软件的不同,可能也存在其他需重新启动才能生效的原因。

最后,通过双击桌面的快捷方式启动新安装的软件。

在 Windows 系统上卸载软件时,可以单击系统桌面左下角的 Windows 图标,选择"控制面板",在"控制面板"窗口中选择"卸载程序"(图 1-6),再选中需要卸载的软件,就可以将相应软件从计算机中删除了。

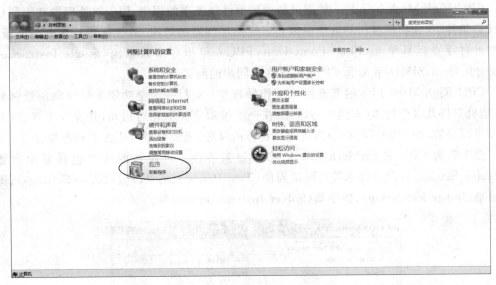

图 1-6　Windows 7 中的软件卸载

1.1.3　CPU 工况检测

基准(benchmark)是计算机行业常用的术语,指在"同等"条件(同样的数据集、同样的程序)下,看哪一种硬件的执行效率最高或速度最快。

人们经常讨论的一个问题是,每秒几百万次的计算速率意味着什么? 有那么多计算需要在这么短的时间里处理完吗?

人们还关心另外一个问题,如果测试一辆汽车,可以借用飞机场的跑道,将汽车开到其设计的极限速度(经常看到汽车杂志组织这些活动)。那么,计算机能否像汽车一样,借助某种手段把 CPU 的"极速"跑出来?

计算机在运行复杂计算程序时,高负荷下微处理器会散发热量。那么,这个热量究竟有多大？芯片的温度有多高？由于新型微处理器一般都有温度传感器，人们希望了解微处理器的工作温度与负载的关系，在可能的情况下优化处理器运行的工作条件。

要解决上述问题，需要一些具有如下功能的工具：

- 能够充分发挥计算机处理性能的应用程序（一般系统程序显然很难做到这一点）。
- 观测和记录微处理器工作负载的系统程序（Windows 下的任务管理器可以部分做到，但可观测的时间周期有限）。
- 观测微处理器工作温度的系统程序。
- 可以调节微处理器工作条件的系统程序。

可以在万维网上找到一些自由或开源的测试工具软件，如 CPU RightMark Lite、RightMark CPU Clock Utility（RMClock）、RM Gotcha!等。

1. CPU 基准测试

CPU RightMark Lite 是一款测试微处理器性能基准的程序，用于对处理器在不同计算任务条件下（如物理过程的数值模拟和三维图形问题的解决）的性能进行客观的测量。主要针对浮点运算单元（Float Point Unit，FPU）/单指令多数据流（Single Instruction Multiple Data，SIMD）载荷和 CPU/内存性能同步的测试。

CPU RightMark Lite 的基准测试工作原理是：运行一个全功能矢量动画的绘制软件，随机安排几百个物体（本例中为球体）在一个模拟空间中相对运动，并在一个视窗（分辨率可以设置，如 1024×768）中描述测试物体的纹理、光线照射及阴影的动态变化等。

图 1-7 为 CPU RightMark Lite 的参数设置界面。可设置的参数包括显示设置（Display Settings）（含分辨率等）、测试周期（Test Period）、场景设置（Scene Settings）、图像渲染（Image Rendering）、指令集（Solver Instruction Set）等。

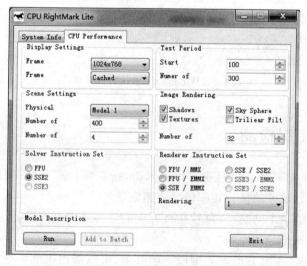

图 1-7　CPU RightMark Lite 设置界面和参数

设置好相关参数后，单击 Run 按钮开始运行，运行界面如图 1-8 所示。界面左上方显示的运行结果包括：当前微处理器每秒处理该程序的帧数（Frame Per Second，FPS）。由于该图形动态变化的计算量极大，可以非常形象、客观、有效地刻画出计算机微处理器的整体工作能力。

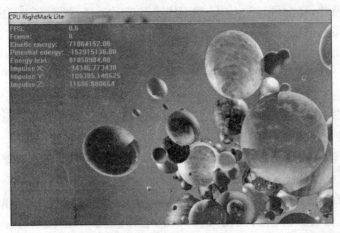

图 1-8　CPU RightMark Lite 运行结果（局部）

2. CPU 工况检测

RightMark CPU Clock Utility（RMClock）是一款小巧的图形化应用程序，RMClock 依靠 CPU 内负责电源管理的特殊模块寄存器（MSR），可以实时检测 CPU 的当前工作频率、功耗、使用率，还可以随时调整 CPU 的工作水平。在自动管理模式下，RMClock 可以随时监测处理器的使用率并动态调整其工作频率、功耗和电压，使其符合当前的性能需要，实现根据目前系统负载决定自身输出效能的处理器工作模式，避免资源浪费。

图 1-9 是 RMClock 的操作主界面，可以显示处理器的多项常规信息，例如 CPU 的名称、代号、修订号、电源管理特性、核心频率、降频调温及 CPU 和操作系统的负载等数据，

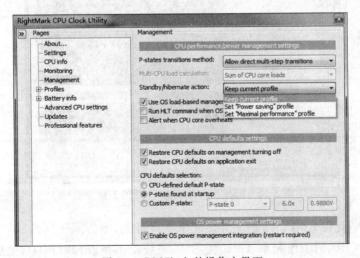

图 1-9　RMClock 的操作主界面

以及处理器电压的当前值、启动值、最小值、最大值，如果用户计算机使用的是多核处理器，可以通过窗口底部的 CPU 切换按钮观察不同处理器内核的工作情况。

由于并非所有工作都必须把 CPU 的全部"马力"动员起来，尤其是一般的文档处理、数据输入工作，因此，完全可以对 CPU 的工作状态进行调整，调整方法如图 1-9 所示。例如，在出差时使用笔记本电脑从事一般的事务性工作，希望电池支持的时间更长一些，完全可以通过 RMClock 将笔记本电脑的工作方式（Standby/hibernate action）设置成 Set "power saving" profile，也就是节电模式，也可以勾选 Run HLT When OS Idle 前的复选框，表示当操作系统空闲时自动关机（再使用时需要重新启动）。而在设计工作中需要使用 3D 软件输出效果视频时，则可以把 CPU 的工作方式设为 Set "Maximal performance" profile，也就是使用 CPU 的最强性能。

对于提供了温度测试的微处理器或主板，RMClock 还提供了微处理器芯片温度的实时检测，这样，用户在进行基准测试或大运算量计算时，可以实时检测微处理器温度变化情况，最为重要的是通过对笔记本电脑的散热等性能进行监测，同时调整微处理器的钟频或性能参数来减低微处理器的温度，达到节省电力、延长电池使用时间的目的。通过图 1-10 可以清楚地看到，一旦 CPU RightMark Lite 开始运行，就像一辆跑车上了机场跑道，CPU 将全负荷运行，时钟频率一直处于该 CPU 的极限值（1596MHz），CPU 和操作系统（OS）的资源几乎消耗殆尽，而 CPU 芯片的温度也在逐步上升。这样的测试放在笔记本上进行，其升温的效果尤为明显。因此，也可以用这款软件测试笔记本 CPU 芯片的升温和散热工况。

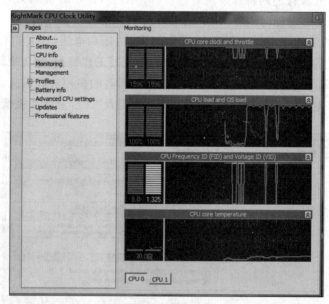

图 1-10　RMClock 显示的 CPU 的各种参数

并不需要一直将 RMClock 的主界面显示在屏幕上，因为系统托盘区的 RMClock 图标会实时显示 CPU 的工作频率、CPU 使用率、系统使用率、倍频（FID）、电压值（VID）等信息。

大学计算机——计算、构造与设计实验指导

3. 微处理器负荷检测与记录

RM Gotcha!（原称 RMspy）是一个小型的测试程序，负责记录微处理器的负载、内存资源的空闲情况，并可以将日志文件记录到硬盘上，如图 1-11 所示。该实用程序的特点是它只需要几个 CPU 时钟周期，几乎不影响测量结果。所以，可以在运行 CPU Rightmark Lite 的同时，在后台运行 RM Gotcha!，将基准测试的结果记录在文件中。这个程序对一些应用程序的设计效果可以进行实时检测，用以判断各种资源的占用和程序算法的优化效果等。

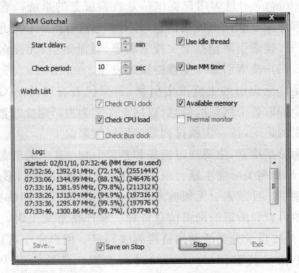

图 1-11　RM Gotcha!的操作界面

以上 3 个软件可以解决计算机微处理器功能驱动、性能检测、负载记录和性能调控 4 个问题。而实际上，RightMark 项目还提供了大量的硬件测试工具（包括内存、显卡等），对计算机硬件性能有兴趣的读者可以到该网站下载相关的硬件基准测试工具，这样，才能在寻求正确的计算机工具解决相关问题的时候做到心中有数，在选择硬件时做到有的放矢。

1.2　网络信息检索

一、实验目的

掌握通用和专用网络信息资源的查询方法。

二、实验条件和环境

Windows 操作系统＋IE 浏览器＋校园网络。

三、实验任务和要求

（1）利用搜索引擎检索有关人类起源的传说，特别是中外有关远古时期的神话等。

（2）利用专题数据库检索本专业主要的研究方向或研究成果。

四、相关知识介绍

1. 搜索引擎

搜索引擎（search engine）是为用户提供信息检索服务的系统。它根据一定的策略，运用特定的计算机程序从互联网上搜集信息，并对信息进行组织和处理，然后将检索到的相关信息展示给用户。搜索引擎包括全文搜索引擎、目录索引、元搜索引擎、垂直搜索引擎、集合式搜索引擎、门户搜索引擎与免费链接列表等。

全文搜索引擎是广泛应用的主流搜索引擎，典型代表有国外的 Google 和国内的百度。它们从互联网上提取各个网站的信息（以网页文字为主），建立起数据库，并能检索与用户查询条件相匹配的记录，按一定的排列顺序返回结果。

目录索引也称为分类检索，主要通过搜集和整理 Internet 上的资源，根据搜索到的网页内容，将其网址分配到相关分类主题目录的不同层次的类目之下，形成像图书馆目录一样的分类树形结构索引。目录索引无须输入任何文字，只要根据网站提供的主题分类目录，层层点击进入，便可查到所需的网络信息资源。从严格意义上讲，目录索引不能称为真正的搜索引擎，只是按目录分类的网站链接列表而已。用户完全可以按照分类目录找到所需要的信息，不依靠关键词（keyword）进行查询。目录索引中最具代表性的有Yahoo、新浪、搜狐等。

元搜索引擎接受用户查询请求后，同时在多个搜索引擎上搜索，并将结果返回给用户。著名的元搜索引擎有 InfoSpace、Dogpile、Vivisimo、搜星搜索引擎等。

垂直搜索引擎是 2006 年后逐步兴起的一类搜索引擎。不同于通用的网页搜索引擎，垂直搜索专注于特定的搜索领域和搜索需求，例如机票搜索、旅游搜索、生活搜索、小说搜索、视频搜索等。相对于通用搜索引擎，垂直搜索需要的硬件成本较低，用户需求特定。

集合式搜索引擎类似于元搜索引擎，区别在于它并非同时调用多个搜索引擎进行搜索，而是由用户从提供的若干搜索引擎中选择，如 HotBot 在 2002 年底推出的搜索引擎。

门户搜索引擎（如 AOLSearch、MSNSearch 等）虽然提供搜索服务，但自身既没有分类目录也没有网页数据库，其搜索结果完全来自其他搜索引擎。

2. 搜索方式

常用的搜索方式有以下 5 种：

（1）简单搜索（simple search）。指输入一个单词（关键词），提交搜索引擎查询，这是最基本的搜索方式。

（2）词组搜索（phrase search）。指输入词组（或短语），提交搜索引擎查询，也叫短语搜索，现有搜索引擎一般都约定把词组或短语放在引号（""）内表示。

（3）语句搜索（sentence search）。指输入一个多词的任意语句，提交搜索引擎查询，这种方式也叫任意查询。不同搜索引擎对语句中词与词之间的关系的处理方式不同。

（4）目录搜索（catalog search）。指按搜索引擎提供的分类目录逐级查询，用户一般不需要输入查询词，而是按照查询系统所给的几种分类项目，选择类别进行搜索，也叫分类搜索（classified search）。

（5）高级搜索（advanced search）。指用布尔逻辑组配方式查询。

前3种搜索方式可以合称为语词搜索（word search），与高级搜索和目录搜索一起构成3类常见搜索方式。

在所有搜索方式中，还可使用通配符，就像 DOS 文件系统用"＊"作为通配符一样，通配符用于指代一串字符，不过每个搜索引擎所用的通配符不完全相同，大多用"＊"或"？"，少数用"＄"。不少搜索引擎还支持加（＋）、减（－）词操作。

搜索引擎的出现大大方便了用户搜索网络资源信息。使用搜索引擎时应注意选择适当的检索关键词，既要做到精和准，还要具有代表性。"精、准"保证能搜索到所需的信息，"有代表性"保证搜索的信息用不同的关键词会得出不同的结果。

选择关键词时应注意以下几点：

（1）不要输入错别字。

（2）不要使用过于频繁使用的词，否则会搜索出大量的无用结果甚至导致错误。

（3）不要输入多义关键词，搜索引擎是不能辨别多义词的，比如，输入 Java，搜索引擎不知道要搜索的是太平洋上的一个岛，还是一种著名的咖啡，或是一种计算机语言。

3. 通用搜索工具 Google

Google（中文名为"谷歌"）目前被公认为是全球规模最大的搜索引擎之一，它提供简单易用的免费服务，用户可以在瞬间得到相关的搜索结果。在访问中文网站 www.google.com.hk 或其他 Google 域名时，用户可以使用多种语言查找信息。

Google 提供基本检索和高级检索两种方法。

1）基本检索

基本检索是指在如图 1-12 所示的主页的检索框中输入检索词，然后单击"Google 搜索"按钮的搜索。如果是多个检索词，它们之间用空格隔开，系统默认为检索词之间是逻辑与运算。如果要进行短语或专用词检索，则应在专用词上加双引号，或者用－、\、＋、＝等作为短语的连接符。

Google 系统有为用户推荐网页的功能，可以将用户直接引导到与检索词最相关的网页上。用法是：输入检索词之后，单击"手气不错"按钮即可。例如，若要查找西安交通大学，只要输入"西安交通大学"，然后单击"手气不错"按钮，Google 就会直接将用户带到西安交通大学的主页 www.xjtu.edu.cn。

2）高级检索

高级检索是指在检索中可以使用限制检索的方法，例如，将检索限定在某些网站上，可以在输入的检索词后面加"site：＜网站＞"；将检索限定在某一类文件中，在输入的检索词后面加"filetype：＜文件类型＞"；可以使用"-＜网站（或者域名）＞"的形式来排除某个

图 1-12　Google 主页

特定站点的网页；如果输入"link：<网址>"，可以查出所有链接到此网址的网页。此外，还可以限定检索的语种，并可以检索某个网页的所有页面，检索与某个网页相关的所有网页等。Google 的检索表达式举例如表 1-1 所示。

表 1-1　Goolge 的检索表达式举例

检　索　式	意　　义
史铁生 site：edu. cn	在中国教育网上搜索有关"史铁生"的信息
路遥 site：edu. sina. com. cn	在新浪网的教育频道中检索有关"路遥"的信息
Windows products site：microsoft. com	在 microsoft. com 站上检索"Windows products"
big bang site：fr	在法国的网站搜索有关"big bang"的信息
C2C filetype：pdf	检索有关 C2C 方面的 PDF 格式的文件
"铃儿响叮当"inurl：midi	查找 MIDI 音乐"铃儿响叮当"
"春天里"intitle：mp3	查找"春天里"MP3 歌曲
link：www. newhua. com	检出所有链接到"华军软件园"主页的网页
Mother-in-law	将该词视为专用词，进行检索
海滨度假	将"海滨"和"度假"这两个词进行"与"检索
太阳神 -足球	查找含"太阳神"，但不含"足球"的资料
ACDSee V4. 0 下载	以软件名称和版本号为关键词，查找并下载某一软件

Google 只会返回那些符合全部查询条件的网页。不需要在关键词之间加上 and 或 +。如果想缩小搜索范围，只需输入更多的关键词，在关键词中间加上空格就行了。如果要避免搜索某个词语，可以在这个词前面加上一个 -。但在减号之前必须留一个空格。该系统支持跨语种检索和多语种检索，检索结果按相关性（与网页被链接的多寡、对网站的评价等因素有关）排序。

Google 搜索不支持逻辑或运算,也不支持截词检索。在英文检索中,不区分字母大小写,所有的字母均按小写处理。例如,输入 georgewashington,或是 George Washington,或是 gEoRgEwAsHiNgToN,结果都是一样的。

Google 会忽略最常用的词和字符,这些词和字符称为忽略词。Google 自动忽略 "http"、".com" 及数字等使用频率很高的词,因为这类字词不仅无助于缩小查询范围,而且会大大降低搜索速度。如果要想检索这类词,则应在其前面加上十。

检索结果中每条记录显示的内容包括网页标题、网页内容摘要(并以醒目的字体显示检索词)、网址、网页文本的大小等,单击"网页快照"可看到 Google 保存的该网页内容。

在检索结果的页面上,单击"相似网页"可以获得与该网页性质类似的网页。如该页是某大学的首页,则 Google 会寻找其他大学的首页;如果该页是某大学的数学系,则会寻找其他大学的数学系。

在 Google 的首页上单击"图片"链接,可以打开 Google 的图像搜索引擎。使用方法同上所述,只要在检索框中输入要检索的图像内容的关键词即可。图片以缩略图的方式显示出来,并提供图片链接、图片分辨率、文件大小等信息,单击图片可进入相关网站查看图片。也可单击"高级图像搜索"链接,进入 Google 的高级搜索界面,对检索条件进行精确定义。

4. 专题数据库介绍

科技部下属的中国科学技术信息研究所从 1987 年起,每年以国外四大检索工具 SCI、ISTP、EI、ISR 为数据源进行学术排行。由于 ISR(科学评论索引)收录的论文与 SCI 有较多重复,且收录我国的论文偏少,因此,1993 年起不再把 ISR 作为论文的统计源。而其中的 SCI、ISTP、EI 数据库就是图书情报界常说的国外三大检索工具。社会科学方面也有重要的检索工具系统,如 SSCI、A&HCI、ISSHP 等。以下择其要点进行介绍。

Thomson 公司是一个专为商业和专业用户提供集成化信息解决方案服务的国际知名企业。它为世界上超过 2000 万用户提供信息增值、软件应用等服务。服务领域涉及法律、税收、经济、高等教育、职业培训以及科学研究等方面。

作为 Thomson 公司业务部门之一的 Thomson 科学情报研究所(Thomson ISI,简称 ISI),是基于美国科学情报研究所(Institute for Scientific Information,ISI)的信息产品和服务发展而来的。在过去的四五十年里,ISI 为世界上超过上千万的研究者提供信息产品和服务。利用 ISI 提供的信息资源,读者可以追溯有关课题研究的历史发展过程,这都归功于其提供的数据库类型与众不同。

1) 美国科技情报研究所信息产品的网络化发展

美国科技情报研究所的信息产品是国际上知名的三大引文索引——SCI(Science Citation Index)、SSCI(Social Science Citation Index)和 A&HCI(Arts & Humanities Citation Index)。Thomson ISI 运用现代计算机和网络技术,在美国科技情报研究所原有印刷版、光盘版信息产品的基础上,又推出了网络版——Web of Science(http://wos.isiglobalnet.com)。它不仅提升了这 3 个库的版本,例如,由 SCI 发展到了它的扩大版 SCI-Expanded,而且还提供了上述 3 个库间的无缝链接。从 Web of Science 到 Web of

Knowledge，是 ISI 基于因特网建立的新一代学术信息资源整合体系（网址 http://isiknowledge.com），它的推出标志着 ISI 的资源已从单一的产品转变为统一的数字化研究环境。它依据数字图书馆环境协同工作的原则而设计，为广大读者提供了更多、更有价值的强大功能，如通过该平台能实现 ISI 数据库间的跨库检索，既可选择一个数据库检索，也可选择多个数据库同时检索。

2) ISI 网络数据库

目前，ISI 通过网络上提供使用的数据库包括著名的三大引文索引数据库、会议录、德温特专利索引、现期期刊目次、化学数据库、生物科学数据库、期刊分析报告共七大类数据库。

（1）三大引文索引数据库。

三大引文索引数据库中，SCI-Expanded 收录了 5600 多种科学技术期刊，时间跨度为 1990 年至今；SSCI 收录了 1700 多种社会学期刊，时间跨度为 1998 年至今；A&HCI 收录了 1140 多种艺术和人文类期刊，时间跨度为 2002 年至今。由于每个库都集成在 Web of Knowledge 这个信息服务平台上，所以通过这 3 个数据库的检索结果也可以连接到 ISI 的其他数据库，如现期期刊目次、期刊分析报告等，以便用户获得更多的信息。

引文索引数据库最突出的特点就是其引文索引。通过引文索引，用户不仅可以找到相关文献，而且可以沿着引用与被引用的线索，追溯课题研究的前因后果。此外，这些数据库还提供了许多文献定量评价工具。通过这些工具，就可以对某一份研究论文的学术价值做客观评估。目前国际上许多国家都将论文是否被这些引文数据库收录以及各项引文评价指标的多少作为科研水平评价的重要依据。

（2）会议录。

会议录即 ISI Proceedings（网址 http://wosproceedings.com）。该库汇集了世界上最新出版的会议录资料，包括专著、丛书、预印本及来源于期刊的会议论文，提供了综合全面、多学科的会议论文资料。具体包括两大会议录索引：Index to Science & Technology Proceedings（科学技术会议录索引，简称 ISTP，收录文献的时间跨度为 1997 年至今）和 Index to Social Sciences & Humanities Proceedings（社会科学和人文科学会议录索引，简称 ISSHP，收录文献的时间跨度为 1997 年至今）。

其中 ISTP 是国际上著名的会议论文数据库，能被这一数据库收录的会议论文，在学术上就能得到普遍认可。

（3）德温特专利索引。

德温特专利索引即 Derwent Innovations Index（网址 http://dii.derwent.com）。该库由 Derwent World Patents Index（德温特世界专利索引，简称 WPI）和 Derwent Patents Citation Index（德温特专利引文索引，简称 PCI）整合而成。按学科分为 3 个数据库，即 Derwent Innovations Index（Chemical Section）、Derwent Innovations Index（Electrical and Electronic Section）、Derwent Innovations Index（Engineering Section），这 3 个库收录专利文献的时间跨度均为 1992 年至今。

德温特专利索引是世界上最早的专利文献数据库，其超大规模的文献收录量使它在众多专利文献数据库中有着首屈一指的地位。但正因为其开发早，所以在操作可用性方面不如新开发的专利数据库简捷方便,因而在实际应用中,其用户多为专业的信息人员。

(4) 现期期刊目次。

现期期刊目次即 Current Contents Connect(网址 http://CCC. isiglobalnet. com)。每周更新出版,数据来源于全球范围内的 7000 多种学术期刊和 2000 多种最新出版的各类专业书籍,按学科分为 7 个分册和 2 个合集。

由于其数据来源的高质量,加上无与伦比的更新速度,使它成为用户掌握学术前沿动态的有力工具。

(5) 化学数据库。

化学数据库即 ISI Chemistry(网址 http://chemserver. com)。该库是专门为化学与药学研究人员设计的化学化合物和化学反应数据库。可以通过化学结构图检索,即时获得详尽的有机化学反应资料,了解最新的有机合成方法,还可以获得 100 多万种有机化合物的信息。具体包括 Reaction Center(化学反应资料中心,收录文献的时间跨度为 1986 年至今),外加 INPI 和 Compound Center(化合物资料中心,收录文献的时间跨度为 1996 年至今)。

(6) 生物科学数据库。

美国生物科学数据库即 BIOSIS Previews(网址 http://biosispreviews. isihost. com),收录文献的时间跨度为 1996 年至今。它广泛收集了与生命科学和生物医学有关的资料,涵盖生命科学的研究主题,如生物学、生物化学、生物技术、医学、药学、动物学、农业等。其对应的出版物是《生物学文摘》《生物学文摘——综述、报告、会议》和《生物研究索引》,收录了世界上 100 多个国家和地区的 5500 种生命科学期刊和 1500 种非期刊文献,如学术会议、研讨会、评论文章、美国专利、书籍、软件评论等。

(7) 期刊分析报告。

期刊分析报告即 Journal Citation Reports(JCR)(网址 http://jcrweb. com)。JCR Web 版收录了世界上各学科最具影响力的 7000 多种期刊,这些期刊涵盖了 200 多门学科。JCR 具体分为两大部分:JCR Science Edition 和 JCR Social Science Edition,两者收录文献的时间跨度均为 2000 年至今。

JCR Web 是一个综合性、多学科的期刊分析与评价报告,是对世界权威期刊进行系统和客观评价的有效工具。通过对来源于 ISI 的科学引文索引(SCI)和社会科学引文索引(SSCI)的数据进行分析,能客观地统计 Web of Science 收录期刊所刊载论文的数量、论文参考文献的数量、论文的被引用次数等原始数据;还能应用文献计量学的原理,计算出各种期刊的影响因子、影响指数、被引半衰期等反映期刊质量和影响的定量指标。图书馆可利用 JCR Web 的信息选择期刊订购,论文作者可根据 JCR Web 的影响因子排名决定投稿方向。

5. SCI 和 Web of Knowledge 检索方法

Web of Science 的 3 个引文数据库(SCI、SSCI、A&HCI)的检索界面和功能大致相同,都提供两种检索方式,即简单检索(Easy Search)和复合检索(Full Search)。前者可按主题、人物、作者地址进行检索。后者的检索功能更强大,其中包括两个检索界面——常规检索和引文检索。常规检索(General Search)可通过主题、作者、刊名、作者地址进行检索；引文检索(Cited Reference Search)可通过被引作者、被引文献进行检索。本节以 Web of Knowledge 为例进行 SCI 的收录检索。

1) 简单检索

简单检索提供 3 种检索途径：Topic(主题检索)、Person(人物检索)、Place(地址检索)，检索结果最多返回 100 条记录。

(1) Topic Search(主题检索)。

可在 Title(题名)、Abstract(文摘)、Keywords(关键词)这 3 个字段中检索。具体步骤如下：

① 输入描写文献主题的单词或短语，多个单词或短语之间可用 AND、OR、NOT、SAME(两个词必须在同一句子中，这里同一句子表示在两个句号之间的字符串)来组合。

② 选择检索结果的排序方式：Relevance(相关度)，按检索词出现的频率排序，频率最高的排在最前面；Reverse Chronological Order(逆时排序)，按文献被 ISI 收录的时间排序，最新的记录排在最前面。

(2) Person Search(人物检索)。

可选择按论文作者、被引文献作者、论文中的主要人物检索。注意：输入姓名时，先输入姓氏的全称，后跟一个空格，再输入名字的首字母缩写(最多 5 个)。名字不明确的部分，可用 x 代替，如 CHANDLER Nx；有时可能会有姓和名颠倒的情况，可考虑同时检索，以免漏检。

(3) Place Search(地址检索)。

可通过论文作者的机构名或所在地址检索。注意：机构名和地址常采用缩写形式，可参照 Place Search 页面上的 Institutional Place 和 Geographic Place 两个超链接列出的机构和地址的全称和缩写对照表，输入作者地址中的单词或短语，如机构名、国名、州/省名的缩写或邮政编码。例如，检索西安理工大学发表的文章，输入"XIAN UNIV OF SCI&TECH"，最好是多试几种写法，以提高检索率。如要检索某个地点的机构，可用 SAME 连接机构名和地名。例如，检索西安交通大学发表的文献，输入"JIAOTONG UNIV SAME XIAN"。如要检索某个机构中的部门或分支机构，可用 SAME 连接机构名和部门名。例如，检索南京大学化学系发表的文献，输入"NANJING UNIV SAME DEPT CHEM"。

检索案例：打开 ISI Web of Knowledge 的网页，对某位研究传粉(pollination)植物学教授的 SCI 论文收录进行检索，需要在查询界面中输入"pollination"作为主题，"Guo Y * OR you-hao Guo"作为作者，如图 1-13 所示，然后进行检索，检索结果如图 1-14 所示。

由显示结果可知，本次搜索的论文作者并没有出现在 SCI 前几位搜索到的条目中，这是由于没有限制出版物名称，所以，搜索目标出现在第 6 条、第 7 条和第 10 条的位置上(图 1-14 中未列出)。这已经是非常幸运的。因为，符合搜索条件的记录达 36 条。如果加上"地址"的限制"wuhan univ"，那么检索到的结果就会减少到 28 条，而有关目标作者的查询结果出现了 5 条，并且排在前 10 条中。

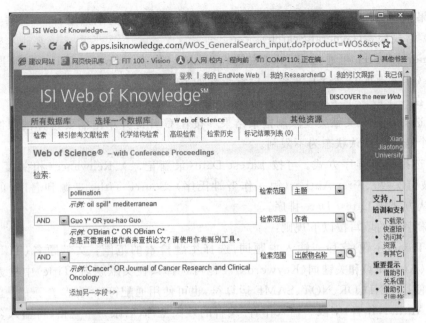

图 1-13 简单检索输入

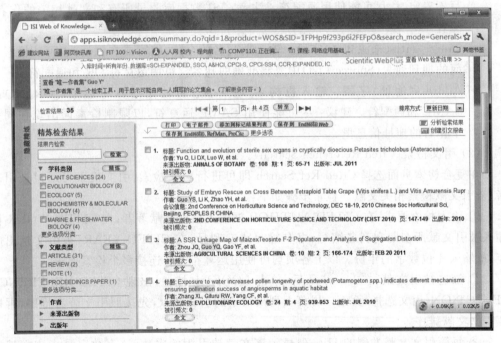

图 1-14 简单检索结果

2）复合检索

复合检索包括常规检索（General Search）和引文检索（Cited Reference Search）两种方式。注意：当选择检索结果按 Latest Date 或 Relevance 排序时，最多返回 500 条记录；当选择检索结果按 Times Cited、First Author 或 Source Title 排序时，最多返回 300 条记

录。如果检索结果超过限制数，可通过选择年份限制命中的文献数量。

（1）常规检索（General Search）。

General Search 可通过 Topic（主题）、Author（作者）、Source Title（来源期刊名）、Address（作者地址）4 个字段检索。检索步骤如下：

① 在一个或多个字段内输入检索词，各字段之间默认由 AND 来组合。

② 选择语种和文献类型限制检索结果。按住 Ctrl 键并单击需要选择的限制条件可选择多个选项。默认状态为不限制。

③ 选择结果排序方式。可按 Latest Date（最新记录）、Relevance（相关度）、Times Cited（被引次数）、First Author（第一作者姓氏序）、Source Title（来源刊名序）的方式排序。默认方式按 Latest Date 排序。

检索字段的填写按以下规则：

- Topic（主题）字段。输入主题词，选择主题检索的范围：文献题名（Title）、文摘（Abstract）和关键词（Keywords）。也可选择只在文献题名（Title）中检索。还可使用 AND、OR、NOT、SAME 运算符，也可使用通配符（* 和?）。

- Author（作者）字段。输入作者/编者的姓氏全称，后跟一个空格，再输入名字的缩写。可使用 AND、OR 和 NOT 运算符以及通配符。建议：当姓氏拼写或名字缩写不确定时，尽可能使用通配符。注意：ISI 数据库收录所有和文献相关的作者/编者。

- Source Title（来源刊名）字段。输入期刊名的全称、缩写或右截词，也可从检索页面的期刊列表（Source List）中复制准确的刊名。可用运算符 OR 和通配符。

- Address（地址）字段。输入机构名/地点名。可使用运算符 AND、OR、NOT、SAME 和通配符。建议：尽可能使用 SAME 运算符，以限制检索词出现在同一个作者的地址信息里。

（2）引文检索（Cited Reference Search）。

在复合检索页面选择 Cited Ref Search 即可进行引文检索，引文检索可通过被引著者、被引文献检索相关文献。检索步骤如下：

① 输入检索要求，在 CITED AUTHOR 框输入被引文献著者；在 CITED WORK 框输入被引文献所在期刊刊名缩写、书名缩写或专利号；在 CITED YEAR（被引文献出版年）框输入 4 位数字的年份。以上各项均可使用运算符 OR 连接多个检索要求。

② 筛选被引文献，在上一步骤后，单击 LOOKUP 按钮，出现 CITED REFERENCE SELECTION（引文选择）页面。屏幕上列出命中的引文文献，先按照引文著者排序，再按照引文文献排序。

③ 每篇引文文献左侧的 Hits 列显示该文献被引用的次数（这个数字是指该文献被 ISI 数据库中的所有文献引用的次数）。需要注意的是，每个单位只购买 ISI 数据库中的一部分，我国大多数科研院所和高校购买的数据是从 1990 年开始的，对 1990 年以前进入 ISI 数据库的引用文献就无法检出，所以检索出的引用文献数目和这个数字会有差别。此外，如被引著者前有省略符号，表示该著者不是来源文献的第一著者。

检出引用被引文献的文献，完成筛选后，单击 Search 按钮，查找所有引用这些文献的文献。

如果要限制文献语种、类型或选择结果排列顺序,单击 SET LIMITS AND SORT OPTION 按钮。具体限制和选择的步骤与前面常规检索方式基本相同。

呈蓝色且有下划线的条目代表该文献被 SCI 收录,反之,则说明该文献虽被 SCI 收录的文献引用,但本身却没被 SCI 收录。

6. EI 检索

EI 即《工程索引》(*Engineering Index*),创刊于 1884 年,由 Elsevier Engineering Information Inc. 编辑出版,主要收录工程技术领域的论文,主要为科技期刊和会议论文,数据覆盖了核技术、生物工程、交通运输、化学和工艺工程、照明和光学技术、农业工程和食品技术、计算机和数据处理、应用物理、电子和通信、控制工程、土木工程、机械工程、材料工程、石油、宇航、汽车工程等学科领域。

EI 收录的论文分为两个档次,一种是美国《工程索引》的光盘版,由美国工程信息公司提供,数据从 2600 余种国际工程期刊、科技报告和会议录中选取,涉及主题有化学、建筑工程、污染、科学与技术;另一种是 EICompendex Web,是 EI 的网络版,内容包括原来光盘版(EI Compendex)和后来扩展的部分(EI PageOne)。该数据库侧重提供应用科学和工程领域的文摘索引信息,数据来源于 5100 种工程类期刊、会议论文和技术报告,其中化工和工艺的期刊文献最多,约占 15%,计算机和信息技术类占 12%,应用物理类占 11%,电子和通信占 12%,土木工程类占 6%,机械工程类占 6% 等。1995 年以来 EI 公司开发了称为 Village 的一系列产品,Engineering Village 2 就是其中的主要产品之一。

EI Compendex 标引文摘,它收录论文的题录、摘要、主题词和分类号,并进行深加工;有没有主题词和分类号是判断论文是否被 EI 正式收录的唯一标志。EI PageOne 只标引题录,不列入文摘,没有主题词和分类号,不进行深加工。有的 EI PageOne 也带有摘要,但未进行深加工,没有主题词和分类号。所以,带有文摘不一定算做正式进入 EI。EI Compendex 与 EI PageOne 的区别就在于是否有分类码(LL)和主题词(MH,CV)。有这两项就是 EI Compendex 收录的,反之则是 EI PageOne 收录的。

目前,国内有数十所院校订购了 EI Engineering Village 的信息服务,能够访问 EI Engineering Village 和 EI Compendex Web 数据库在清华大学图书馆的镜像站点。美国工程信息公司网址为 http://www.ei.org/。EI 的一般收录检索方式如下。

(1) 进入 EI Village 检索系统主页,网址如下:

http://www.engineeringvillage2.org.cn/或 http://www.engineeringvillage2.com.cn/

(2) 选择数据库,仅选 Compendex,务必不能选 Inspec 和 NTIS。

(3) 选择检索时段,例如 2004—2008。

(4) 选择检索字段,输入检索词,例如,要检索作者 Chen Wenge 的论文收录情况,一般可按以下 4 种方式检索:

① 利用作者字段(精确匹配)和机构字段相"与"(and):

- 作者(Author):{chen, wenge} or { chen, wen-ge } or {chen, w. g} or { chen, w. -g} or {chen, w. } or {wenge, cheng}
- 机构(Author affiliation):jiaotong OR 710049

注意:以上作者姓名输入的是 6 种不同的标引格式,其中前两种较为常见,第 3 种和第 4 种缩写格式相对少见,最后两种极少见。花括号{ }表示精确匹配。

② 利用作者字段(模糊匹配)和机构字段相"与"(and):

- 作者:chen, w *
- 机构:jiaotong OR 710049

注意:* 表示截词,执行模糊匹配,"chen, w *"可包含①中作者的前 5 种格式。

③ 如果所有论文均包含某一特定作者(如作者的导师),则可用该作者来限定:

- 作者:({chen, wenge} or {chen, wen-ge }) and (huang, j *) 或 (chen, w *) and (huang, j *)

④ 如果上述方式查不全,也可通过题名字段试查,或用其他方式检索。

图 1-15 为在 EI 网站进行收录检索的示意图,显示了一个通过 EI Engineering Village 网站进行收录检索的实例。

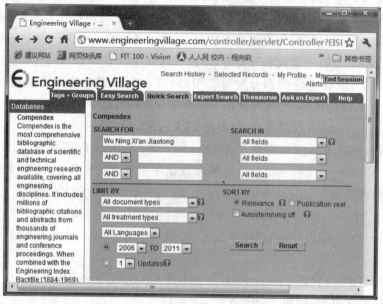

(a) EI检索

图 1-15 在 http://www.engineeringvillage2.org.cn/网站进行收录检索

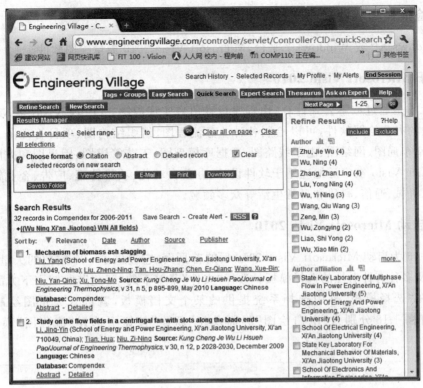

(b) EI检索返回的查询结果

图 1-15 （续）

五、实验报告要求

（1）写出有关人类起源的检索结果。

（2）根据对本专业领域研究方向的检索，写出本专业目前主要的研究方向及内容描述。

六、实验思考题

（1）通用检索和专题检索有哪些重大差别？

（2）在表示论文被引用时，SCI 和 EI 存在哪些不同？

（3）除了本节介绍的检索外，有关学术资源的检索还有哪些渠道？

1.3　矢量图绘制

一、实验目的

掌握矢量绘图工具 Microsoft Visio 的基本应用。

二、实验条件和环境

Windows XP 或 Windows 7 平台，Microsoft Visio 2010 矢量绘图软件。

三、关于 Microsoft Visio 2010

矢量图是通过数学公式计算、由程序设计语言实现的图。Office Visio 是 Microsoft 公司开发的办公绘图软件，可以绘制各种业务流程图、组织结构图、项目管理图、营销图表、办公室布局图、网络图、电子线路图、数据库模型图、工艺管道图、因果图和方向图等。因此，Office Visio 被广泛地应用于软件设计、办公自动化、项目管理、广告、企业管理、建筑、电子、机械、通信、科研和日常生活等众多领域。

1. 启动 Microsoft Visio 2010

图 1-16 为启动 Microsoft Visio 2010 后的首页面，它提供了一个空白的矢量图绘制环境，以及多种有针对性的选择模板。选择"文件"菜单下的"新建"项，双击下方的"空白绘图"或在"选择模板"框中选择系统提供的某个文档模板，就进入矢量图绘制界面。图 1-17 和图 1-18 分别为"空白绘图"界面及在"新建"按钮下选择"流程图"模板后的界面。

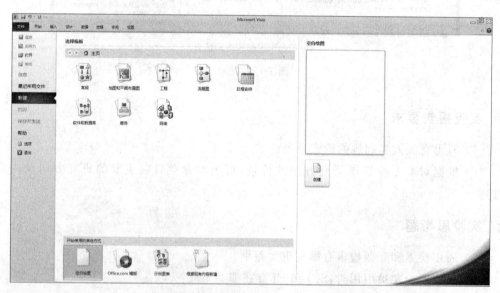

图 1-16　Microsoft Visio 2010

2. 菜单栏主要功能

图 1-19 是 Visio 2010 的菜单栏。

1）"开始"菜单

"开始"菜单下提供了各种文字、绘图的基本编辑功能。其中，"剪贴板""字体""段落""编辑"等与 Office 的文档处理软件 Word 相同（参见第 2 章），这里仅简要介绍 Visio 绘图

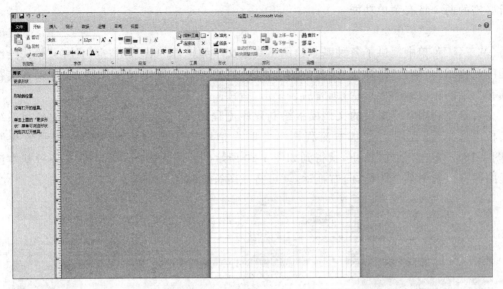

图 1-17　Microsoft Visio 2010 空白绘图界面

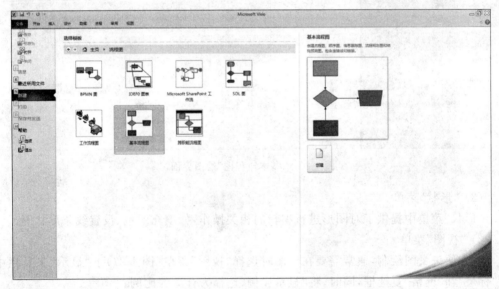

图 1-18　选择"基本流程图"

文本框　　　基本绘图工具

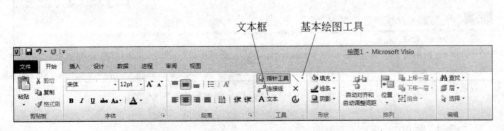

图 1-19　Microsoft Visio 2010 菜单栏

所必需的两个特有菜单功能。

（1）"工具"菜单。

"工具"菜单中提供了各种基本绘图工具及文本编辑框。若采用"空白绘图"模式绘制程序流程图，则单击"指针工具"右侧的小箭头，选择点、线、圆等绘图工具，就可以直接在画布上绘制相应的图形形状，画完后再单击"指针工具"按钮，鼠标将恢复原状。

若希望利用系统提供的文档模板绘制程序流程图，可在"新建"菜单提供的各类系统模板中选择"流程图"→"基本流程图"，此时右边窗口中出现该模板的介绍和效果图（图1-18）。单击"创建"按钮，就得到如图1-20所示的绘图界面。界面左侧是各种基本流程图图符。选中某个图符，向右拖动，就可将该图符绘制在画布上。

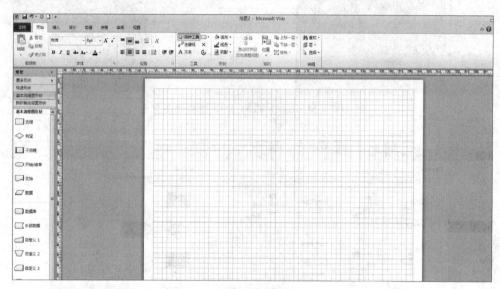

图 1-20　"基本流程图"绘图界面

（2）"形状"菜单。

"形状"菜单中提供了对图形进行编辑的相关操作，如填充颜色、设置线条形状等。

2）"视图"菜单

为方便矢量图绘制，通常需要在绘图时选择"视图"菜单（图1-21）下"显示"工具栏中的"标尺"和"网格"复选框，同时，将"显示比例"选择为合适的比例。

图 1-21　Visio 2010 "视图"菜单

3）"设计"菜单

"设计"菜单（图1-22）中提供了若干"主题"模板，绘图时，既可在模板中为图形选择

大学计算机——计算、构造与设计实验指导

某个主题，也可单击"颜色"按钮上的小箭头，选择"新建主题颜色"。单击"效果"按钮上的小箭头，可为绘制的图形选择不同的显示效果。

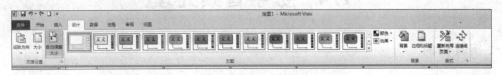

图 1-22　Visio 2010 "设计"菜单

四、实验任务和要求

（1）参照图 1-23 所示样例，使用 Microsoft Visio 2010 绘制程序流程图，要求主题效果为"贴花纸"。

（2）将绘制的程序流程图复制到 Word 文档中。

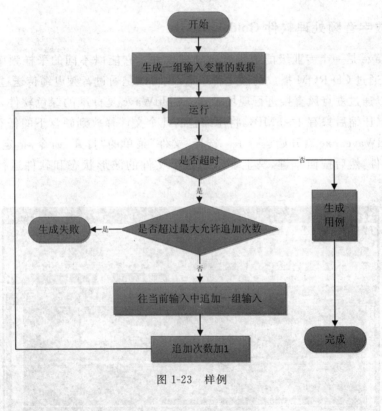

图 1-23　样例

五、实验报告要求

提交绘有流程图的文档，并说明绘制过程。

六、实验思考题

矢量图与位图主要有什么差别？矢量图的数据量与哪些因素有关？

1.4 数字音频处理

一、实验目的

(1) 熟练掌握 GoldWave 音频处理软件的应用。

(2) 熟练掌握数字音频的选择。

(3) 熟练掌握音量、淡入效果、淡出效果的设置。

(4) 熟练掌握输出各种格式的声音文件。

二、实验条件和环境

Windows 7 操作系统＋GoldWave 数字音频处理软件。

三、关于数字音频处理软件 GoldWave

GoldWave 是一个专业级的数字音频处理软件。它能以不同的采样频率录制声音，声源可以是通过 CD-ROM 播放的激光音乐盘，也可以是通过音频电缆传送过来的录音机信号，还可以通过麦克风直接进行现场录音。GoldWave 是标准的绿色软件，不需要安装且体积小巧(压缩后只有 4～5MB)，将压缩包的几个文件释放到硬盘下的任意目录里，直接单击 GoldWave.exe 就开始运行了。选择"文件"菜单的"打开"命令，指定一个将要进行编辑的文件，然后按回车键，马上显示出这个文件的波形状态和软件运行主界面，如图 1-24 所示。

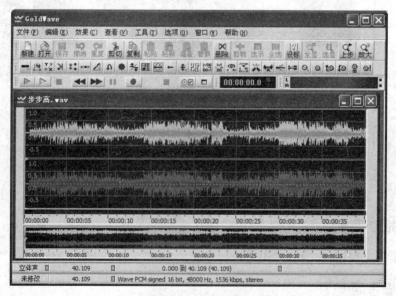

图 1-24 GoldWave 主窗口

1. 选择音频

要对文件进行各种音频处理之前，必须先从中选择一段。GoldWave 的选择方法很简单，充分利用了鼠标的左右键配合进行，在某一位置上单击就确定了选择部分的起始点，在另一位置上右击就确定了选择部分的终止点，这样选择的音频事件就将以高亮度显示，所有操作都只会对这个高亮度区域进行，其他的阴影部分不会受到影响。当然如果选择位置有误或者更换选择区域，可以使用"编辑"菜单下的"选择全部"命令（或使用快捷键 Ctrl＋W），然后再重新进行音频的选择。

2. 剪切、复制、粘贴、删除

音频编辑与 Windows 其他应用软件一样，其操作中也大量使用剪切、复制、粘贴、删除等基础操作命令，因此牢固掌握这些命令能够更有助于快速入门。GoldWave 的这些常用操作命令实现起来十分容易，除了使用"编辑"菜单下的命令选项外，快捷键也和其他 Windows 应用软件差不多。要进行一段音频事件的剪切，首先要对剪切的部分进行选择，然后按 Ctrl＋X 键就行了，按 Ctrl＋V 键就能将刚才剪掉的部分还原出来，按 Ctrl＋C 键进行复制，按 Del 键进行删除。如果在删除或其他操作中出现了失误，按 Ctrl＋Z 键就能够进行恢复。

3. 时间标尺和显示缩放

打开一个音频文件之后，立即会在标尺下方显示出音频文件的格式以及它的时间长短，这就给我们提供了准确的时间量化参数，根据这个时间长短来进行各种音频处理，往往会减少很多不必要的操作过程。有时为了准确选择一段音频，可对时间标尺进行缩放。用查看菜单下的放大、缩小命令就可以完成，更方便的是用快捷键 Shift＋↑放大和用 Shift＋↓缩小。如果想更详细地观测波形振幅的变化，那么就可以加大纵向的显示比例，用查看菜单下的垂直放大、垂直缩小或使用 Ctrl＋↑键、Ctrl＋↓键就行了。

4. 声道选择

对于立体声音频文件来说，在 GoldWave 中的显示是以平行的水平形式分别进行的。有时在编辑中只想对其中一个声道进行处理，另一个声道要保持原样不变化，使用"编辑"菜单的"声道"命令，直接选择将要进行编辑的声道就行了（上方表示左声道，下方表示右声道）。

5. 音量效果

GoldWave 的"音量效果"子菜单中包含了改变选择部分音量大小、淡出淡入效果、最佳化音量、外形音量等命令，满足各种音量变化的需求。改变音量命令是直接以百分比的形式对音量进行提升或降低的。

6. 回声效果

选择"效果"菜单下的"回声"命令,在弹出的对话框中输入延迟时间、音量就行了。延迟时间值越大,声音持续时间越长,回声反复的次数越多,效果就越明显。而音量控制的是返回声音的音量,这个值不宜过大,否则回声效果就显得不真实了。

7. 时间调整

制作多媒体产品时,有时为了和画面同步,需要改变声音的时间长度,这就要进行时间调整。打开需要调整的声音,单击"时间扭曲"按钮。在弹出的对话框中完成调整。时间长度的改变将影响声音的频率,若缩短时间,则频率升高;反之频率降低。

8. 合成声音

合成声音是指将两个声音合成为一个声音。先打开第一个声音文件并进行选择后,单击"复制"按钮,将其保存在剪贴板中。再打开第二个声音文件,单击波形表,确定合成开始位置,单击"混音"按钮,在弹出的"混音"对话框中调整合成声音的音量,单击"确定"按钮。

9. 降噪

在一个嘈杂环境下录制的声音一定有噪声,去掉声音中的噪声是一件很困难的事,因为各种各样的波形混合在一起,要把某些波形去掉是不可能的,但 GoldWave 软件却能将噪声大大减少。它提供了多种降噪方法,使用剪贴板降噪应该是比较容易理解且效果较好的一种,就是从环境中取出噪声样本,然后根据样本消噪。

打开有噪音的文件,选取噪声样本后播放试听一下,确认后选择菜单命令"编辑"→"复制",这次复制不是要粘贴到另一个地方,只是取样。

再全部选中整个文件的波形,然后选择菜单命令"效果"→"滤波器"→"降噪"打开降噪面板,在这个面板中,选择"使用剪贴板"项,再单击"确定"按钮,因为复制到剪贴板中这一段取出了环境噪声作为样本,按照该样本消除文件中的噪声,当然更符合实际。

四、实验任务和要求

(1) 手机铃声制作。从网上下载一个音乐文件,选取最喜爱的片段,将其保存成手机要求的音频格式(MP3、WAV)作为手机铃声。

(2) 音频文件的噪音处理。利用 GoldWave 软件对录制的数字音频文件中的噪声进行处理。

五、实验步骤和操作指导

1. 手机铃声制作

(1) 启动 GoldWave。GoldWave 音频处理软件是一个绿色免费软件,不需要安装,双击 GoldWave.exe 文件即可启动。在编辑窗口中,通过"文件"→"打开"菜单命令打开一个已准备好的音频文件。

(2)设置播放键。通过"选项"→"控制器属性"菜单命令打开"控制属性"对话框,在播放标签中设置绿色播放键为"全部",黄色播放键为"选区"。

(3)确定位置。单击绿色播放键进行试听,确定喜爱的片段的起点后单击暂停按钮,再右击这个起点后选择"设置开始标志"命令,单击黄色播放键继续试听,确定喜爱片段的终点后单击暂停按钮,再右击这个终点后选择"设置结束标志"。这个过程有时需要多次试听后才能最终完成。

(4)另存为新文件。反复试听后确定无误,通过"文件"→"选定部分另存为"菜单命令,打开"选定部分另存为"对话框,确定位置、文件名和类型后,单击"保存"按钮。

(5)调整音量,设置淡入、淡出效果。通过"文件"→"打开"菜单命令打开上节保存的作为手机铃声的音频文件,通过"效果"→"音量"→"更改音量"菜单命令调整音量至一个满意的大小后,单击"确定"按钮。选取开始到5秒处的音频波形,通过"效果"→"音量"→"淡入"菜单命令,打开"淡入"对话框,选择渐变曲线为"直线型",单击"确定"按钮。选取最后的5秒音频波形,通过"效果"→"音量"→"淡出"菜单命令,打开"淡出"对话框,选择渐变曲线为"直线型",单击"确定"按钮。

(6)通过"文件"→"保存"菜单命令,保存最终的结果。

2. 噪声处理

噪音也是一些不同振幅和不同频率的声波,只要能够在音频文件中准确选择这些噪音波形并存于剪贴板,GoldWave 音频处理软件就能将其有效去除。图 1-25 给出了选择噪声的方法。噪声波一般比正常声波的振幅小,只有当放大音频波形窗口的时间标尺后才容易找到。

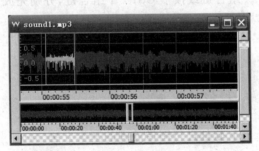

图 1-25　选择噪声

(1)启动 GoldWave。双击 GoldWave.exe 文件即可启动。在编辑窗口中,通过"文件"→"打开"菜单命令打开一个有噪音的音频文件。

(2)放大音频波形窗口的时间标尺。多次按下 Shift＋↑组合键,并观察波形变化,找到一段噪音波形并将其选中,如图 1-25 所示。按黄色播放键试听,确认为噪音后按 Ctrl＋C 键完成复制。

(3)还原音频波形窗口的时间标尺。多次按下 Shift＋↓组合键,并观察波形变化,确认已回到初始打开状态，按下 Ctrl＋A 组合键全选。

（4）"使用剪贴板"降噪。通过"效果"→"滤波器"→"降噪"菜单命令，打开降噪窗口，如图 1-26 所示，选择"使用剪贴板"单选按钮，单击"确定"按钮完成降噪。

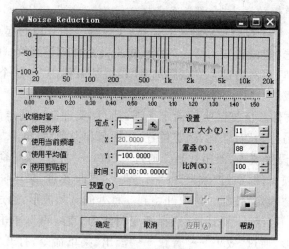

图 1-26　"使用剪贴板"

（5）保存为一个新的音频文件。通过"文件"→"另存为"菜单命令，打开"保存声音"对话框，指定保存位置、文件名、类型后单击"保存"按钮。

六、实验思考题

（1）绿色播放键的功能还有哪些？

（2）WAV 和 MP3 格式有什么不同？

（3）若按下 Ctrl＋A 组合键或按下 Ctrl＋↑组合键，分别完成什么功能？

1.5　数字图像处理

一、实验目的

了解并掌握 Photoshop 软件进行图像处理的基本方法。

二、实验条件和环境

Windows 7 平台＋ Photoshop 软件。

三、关于图像处理软件 Photoshop

图像信息基本操作就是将图像转换为一个数字矩阵存放在计算机中，并采用一定的算法对其进行处理。目前图像处理技术已在许多不同的领域中得到应用，并取得了巨大成就。

Photoshop 是美国 Adobe 公司的图像处理软件。Photoshop 可以对图像的各种属性,如色彩的明暗、浓度、色调、透明度等进行细致的调整,使用变形功能可以对图像进行任意角度的旋转、拉伸、倾斜等变形操作,使用滤镜可以产生特殊效果,如浮雕效果、动感效果、模糊效果、马赛克效果等,图层、蒙板和通道处理功能提供丰富的图像合成效果。

Photoshop 是目前应用最广泛的图形图像处理软件之一,因其集图像扫描、编辑、广告创意、图像的输入与输出于一体,深受广大平面设计人员和电脑美术设计爱好者的喜爱。

在平面设计中,书籍装帧、招贴海报、杂志封面或 LOGO 设计、VI 设计、包装设计都可以使用 Photoshop 制作或辅助处理。

在数码照片处理方面,Photoshop 的功能不仅局限于对照片进行简单的图像修复,更多时候用于商业片的编辑、创意广告的合成、婚纱写真照片的制作等。毫无疑问,Photoshop 是数码照片处理必备"利器",它具有强大的图像修补、润饰、调色、合成等功能,通过这些功能可以快速修复数码照片上的瑕疵或者制作艺术效果。

在网页设计方面,除了著名的"网页三剑客"——Dreamweaver、Flash 和 Fireworks 外,网页中的很多元素需要在 Photoshop 中进行制作,因此,Photoshop 也是美化网页必不可少的工具。

在数字绘画方面,Photoshop 不仅可以针对已有图像进行处理,还可以帮助艺术家创作新的图像。Photoshop 中也包含众多优秀的绘画工具,使用 Photoshop 可以绘制各种风格的数字绘画。

界面设计也就是通常所说的 UI(User Interface,用户界面)。界面设计虽然是设计中的新兴领域,但也越来越受到重视。使用 Photoshop 进行界面设计是非常好的选择。

在文字设计方面,Photoshop 中强大的合成功能可以制作出各种质感或特效的文字。

1. Photoshop 的界面

Photoshop CS6 启动成功后,通过文件菜单打开图像后的界面如图 1-27 所示,它包含了整个图像编辑窗口以及菜单栏,工具箱、工具选项栏、浮动调板等各个组成部分。

1) 菜单栏

菜单栏包括所有软件功能,共有 10 个菜单。"文件"菜单包括文件的创建、打开、保存、打印等命令;"编辑"菜单包括剪切、复制、粘贴、自由变换、定义画笔等命令;"图像"菜单包括图像颜色模式的转换、亮度、对比度、色调调节、图像大小设置等命令;"图层"菜单包括对图层的增加、编辑、加蒙板、合并图层等命令;"文字"菜单包括面板、文字变形等命令;"选择"菜单包括对选区进行反转、羽化、修改等命令;"滤镜"菜单包括各种特技效果设置等命令;"视图"菜单包括放大、缩小、关闭/显示标尺、关闭/显示网格等命令;"窗口"菜单包括关闭/显示各种参数设置面板,如颜色选取、历史记录面板、图层面板、通道面板等。

2) 工具箱

工具箱中包括了各种选择、绘图、编辑、填充、文字等工具。用鼠标单击工具按钮,可以在图像编辑窗口中进行绘图、选择等相应的操作。有些工具共用一个按钮,工具图标右

菜单栏
工具选项栏
工具箱
图像窗口
状态栏
浮动调板

图 1-27　Photoshop CS6 主窗口

下角有一个小三角形,用鼠标按住并保持,则可以弹出一个下拉按钮菜单,能进一步选择其他工具。每种工具会有不同的调节参数,可以在工具选项栏中进行调节。工具箱可以折叠显示或展开显示。单击工具箱顶部的折叠按钮 ➤➤ ,可以将其折叠为双栏;单击按钮 ◀◀ ,即可还原回展开的单栏模式。

- 选框工具 ▦ :可制作出矩形、椭圆、单行和单列等选区。
- 移动工具 ▸⊕ :可移动选区、图层和参考线。
- 套索工具 ⌒ :可制作手绘、多边形(直边)和磁性(紧贴)选区。
- 快速选择工具 ☞ :利用可调整的圆形笔尖迅速地绘制出选区。
- 魔棒工具 ✦ :可选择着色相近的区域。
- 裁剪工具 ◱ :可裁剪图像,裁切后可旋转,按回车键后确定。
- 透视裁剪工具 ▦ :使用透视裁剪工具可以在需要裁剪的图像上制作出带有透视感的裁剪框,在应用裁剪后可以使图像带有明显的透视感。
- 切片工具 ✎ :可创建切片,将一个大的图像切成多幅图像,便于在 Web 上下载。
- 切片选择工具 ▰ :可选择切片。
- 污点修复画笔工具 ✑ :不需要设置取样点,自动从修饰区域的周围进行取样,清除图像中的污点和某个对象。
- 修复画笔工具 ⊘ :利用样本或图案来绘画,以修复图像中不理想的部分。
- 修补工具 ◎ :可利用样本或图案来修复所选图像区域中不理想的部分。
- 内容感知移动工具 ✕ :在用户整体移动图片中选中的某个物体时,智能填充物体原来的位置。
- 红眼工具 +◉ :可以去除由闪光灯导致的瞳孔红色光。
- 画笔工具 ✐ :可绘制画笔描边。
- 铅笔工具 ✐ :绘制硬边描边。
- 仿制图章工具 ♨ :用图像的样本来绘画。
- 图案图章工具 ♨ :用图像的一部分作为图案来绘画。

- 历史记录画笔工具 ：将所选状态或快照的副本绘制到当前图像窗口中。
- 橡皮擦工具 ：抹除像素。如果当前正在背景中或透明被锁定的图层中工作,像素将更改为背景色,否则像素将抹成透明。
- 背景橡皮擦工具 ：通过拖移将区域抹为透明区域。
- 魔术橡皮擦工具 ：该工具会自动擦抹所有相似的像素。如果当前是在背景中或锁定了透明的图层中工作,像素会更改为背景色,否则像素会抹为透明。
- 油漆桶工具 ：用前景色填充着色相近的区域。
- 渐变工具 ：创建直线、辐射、角度、反射和菱形的颜色混合效果。
- 模糊工具 ：对图像内的硬边进行模糊处理。
- 锐化工具 ：锐化图像内的柔边。
- 涂抹工具 ：涂抹图像内的数据。
- 减淡工具 ：使图像内的区域变亮。
- 加深工具 ：使图像内的区域变暗。
- 海绵工具 ：更改某个区域的颜色饱和度。
- 文字工具 T：在图像上创建文字。
- 路径选择工具 ：选择显示锚点、方向线和方向点的形状或段选区。
- 钢笔工具 ：绘制边缘平滑的路径。
- 自定义形状工具 ：从自定形状列表中选择自定形状。
- 注释工具 ：创建可附在图像上的文字和语音注释。
- 吸管工具 ：提取图像颜色的色样。
- 测量工具 ：测量距离、位置和角度。
- 抓手工具 ：在图像窗口内移动图像。
- 旋转视图工具 ：拖曳旋转视图。
- 缩放工具 ：放大和缩小图像的视图。

3）工具选项栏

大部分工具的属性显示在工具属性栏内。属性会随所选工具的不同而变化。属性栏内的一些设置(例如绘画模式和不透明度)对于许多工具都是通用的,但是有些设置则专门用于某个工具。可以将属性栏移动到工作区域中的任何地方,并将它停放在屏幕的顶部或底部。

4）图像编辑窗口

图像编辑窗口即图像显示的区域,在这里可以编辑和修改图像,对图像窗口也可以进行放大、缩小和移动等操作。

5）状态栏

状态栏位于工作界面的最底部,可以显示当前文档的大小、文档尺寸、当前工具和窗口缩放比。

2. 浮动调板简介

调板是 Photoshop 的重要组成部分,Photoshop 中的很多设置操作都要在调板中完成,帮助用户监视和修改图像。调板的右上角有一个小三角图标,单击该图标打开一个弹出式菜单,可以执行与该调板相关的操作或进行参数设置。执行"窗口"菜单中的一些命令,可打开或者关闭各种参数设置调板。

颜色调板:采用类似于美术调色的方式来混合颜色,如果要编辑前景色,可单击前景色块;如果要编辑背景色,可单击背景色块,如图1-28(a)所示。

样式调板:其中是 Photoshop 提供的以及载入的各种预设的图层样式,如图1-28(b)所示。

色板调板:其中的颜色都是预先设置好的,如图1-28(c)所示,单击一个颜色样本,即可将其设置为前景色;按 Ctrl 键单击,则可将其设置为背景色。

调整调板:其中包含了用于调整颜色和色调的工具,如图1-28(d)所示。

图层调板:用于创建、编辑和管理图层以及为图层添加样式。面板中列出了所有的图层、图层组和图层效果,如图1-28(e)所示。

通道调板:可以创建、保存和管理通道,如图1-28(f)所示。

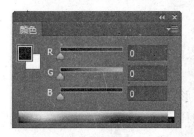
(a) 颜色调板

(b) 样式调板

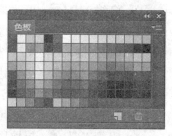
(c) 色板调板

(d) 调整调板

(e) 图层调板

(f) 通道调板

图 1-28　几种浮动调板

路径调板:用于保存和管理路径,面板中显示了每条存储的路径、当前工作路径和当前矢量蒙版的名称及缩览图。

历史调板:在编辑图像时,用户所做的每一步操作,Photoshop 都会记录在"历史记录"面板中。通过该面板可以将图像恢复到操作过程中的某一步状态,也可以再次回到当前的操作状态,或者将处理结果创建为快照或新文件。

3. 常用设置

通过"编辑"→"首选项"→"常规"菜单命令打开"首选项"对话框,在该对话框中,可以进行常规、界面、文件处理、光标、透明度与色域等参数的修改。

4. 内存清理

选择"编辑"→"清理"菜单命令下的子命令,可以清理 Photoshop 制图过程中产生的还原操作、历史记录、剪贴板以及视频高速缓存,这样可以缓解因编辑图像的操作过多导致的 Photoshop 运行速度变慢的问题。在执行"清理"命令时,系统会弹出一个警告对话框,提醒用户该操作会将缓冲区所存储的记录从内存中永久清除,无法还原。

四、实验任务和要求

(1)飞行编队设计。从网上下载一架飞机和天空图片文件,准确选取飞机图案后复制至天空图片的右上角。将复制过来的飞机适当调整大小,再复制两架,形成三角编队飞行。在图像左上角写上班级、姓名,以名为"图片 1.psd"保存文件,如图 1-29 所示。

(2)图像合成。参照图 1-30,制作一幅含你本人的类似图像。所需图片可通过网络检索获取。

图 1-29   三角飞行编队

图 1-30   合成的示例图像

五、实验步骤和操作指导

飞行编队操作过程如下:

(1)启动 Photoshop。通过"开始"菜单启动 Photoshop,打开两张已准备好的图片。

(2)选取飞机。在飞机图片中选择飞机图案,这需要使用"磁性套索"工具或"魔棒"工具完成。若用"磁性套索"工具时,为了使选区精确,要尽可能放大主体,即使主体超出工作界面,看不到完整图像也没有关系。当锚点移动到工作界面边上时,按住"空格"键,使鼠标变为抓手,将界面外的主体移到界面内。出现不满意的锚点时,按 Delete 键或退格键,让锚点从最后一个开始,逐个消失;如果要对前面的工作完全废止,按 Esc 键。

若用"魔棒"工具时,先设定容差,容差越大,魔棒工具选择的不同颜色像数越多,如果要先选择外围像数，还要设置魔棒工具的属性为"填加到选区"，这样就容易将飞机图案以外的像素全部选中，最后通过"选择"→"反选"菜单命令选择飞机图案。

（3）复制飞机。在飞机图案被选择的情况下（周围是蚂蚁线），选择"移动工具"，拖动飞机图案到天空图片中，这时在天空图片中将增加了一个飞机图案图层，选择这个图层，通过"编辑"→"自由变换"菜单命令将飞机图案调整到一个合适的大小和角度（这可通过拖动 4 个角改变大小或旋转），按回车键结束。在 Alt 键的配合下，用"移动工具"拖动这个图层，将会复制一个飞机图案图层。再拖动这个图层复制出第三个。选择不同的图层后可调整不同层飞机图案位置。

（4）写入文字。选择"文字"工具后，单击天空图片中需要写入文字的位置，设置字体、大小、颜色后，输入自己的班级和姓名。

（5）保存文件。通过"文件"→"保存为"菜单命令，打开"保存为"对话框，指定保存位置、文件名、类型后单击"保存"按钮。

六、实验思考题

（1）"磁性套索"工具和"魔棒"工具有什么优缺点？
（2）"自由变换"命令如何完成图片的旋转？
（3）如何将一个图层设置成半透明的图层？
（4）如何调整图层的排列次序？图层次序调整后将会产生什么效果？
（5）怎样锁定图层？怎样合并上下图层？

第 2 章 文档编辑

2.1 Word 2010

Word 是微软公司推出的 Office 办公软件中的重要模块之一，是一种功能较强的文字处理软件，可以用来完成文字的输入、编辑、存储、格式编排，以及打印等一整套工作。它最初由 Richard Brodie 在 1983 年为运行 DOS 的 IBM 计算机而编写，1989 年开始运行于 Microsoft Windows。

图 2-1 所示为 Word 2010 的窗体界面。

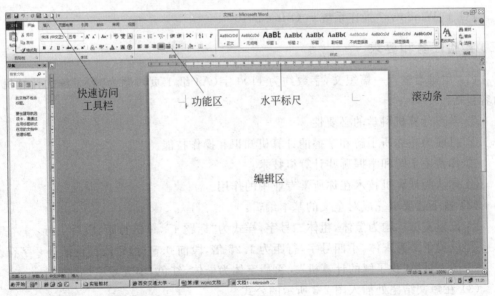

图 2-1　Word 2010 窗体界面

- **编辑区**。用于输入文字、插入图片、表格、公式等。
- **"文件"菜单**。用于创建、打开或保存文档。
- **功能区**。主要包括选项卡、组和命令。横跨功能区顶部有 7 个选项卡，每个选项卡代表一个活动区域。每个选项卡中都将一些功能相关的选项组合在一起，成为一个组。每个组中包含若干按钮、菜单或可以在其中输入信息的文本框(图 2-2)。某些组中的右下角有一个称为"对话框启动器"的小斜箭头 ，单击它可查看与该组相关的更多选项。

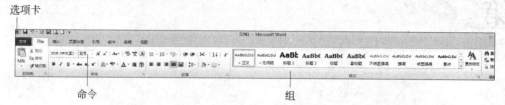

选项卡

命令　　　　　　　　　　　　　　　组

图 2-2　Word 2010 功能区

2.2　Word 基本操作与公式编辑

一、实验目的

掌握 Word 的基本编辑操作及公式插入方法。

二、实验条件和环境

PC ＋ Windows7 操作系统＋ Office 2010。

三、实验任务和要求

(1) 由键盘输入一篇短文,字数约为 1100 字(A4 纸 1 页),题为"我了解的计算机"。内容包括:

① 学习计算机科学的必要性。

② 目前为止你所了解和掌握的计算机知识和操作技能。

③ 你希望了解和掌握哪些计算机技术。

④ 你认为计算机技术在你所学专业中的作用。

(2) 按下述要求完成对全文的基本编辑:

① 设置文章标题为黑体,粗体二号字,样式为"标题 1",单倍行距,段后 1 行。

② 设置正文为宋体,小四号字,行距为 1.25 倍,段前 0.5 行,每段首行缩进 2 字符。

③ 插入页眉"我了解的计算机"。页眉字体为楷体,红色,小五号字。

(3) 在短文结尾处插入图 2-3 所示的公式。

$$S = \int_{0}^{2} \sqrt{\left(\frac{\mathrm{d}x}{\mathrm{d}x}\right)^2 + \left(\frac{\mathrm{d}y}{\mathrm{d}x}\right)^2 + \left(\frac{\mathrm{d}z}{\mathrm{d}x}\right)^2} \, \mathrm{d}x$$

图 2-3　公式

四、实验步骤和操作指导

1. 文字录入

单击任务栏右侧的输入法选择按钮,选择熟悉的文字输入法。

2. 字体设置

单击工具栏左上方"字体"选项右下侧的小箭头,在弹出的"字体"对话框中选择相应的选项(图2-4)。

3. 段落格式设置

单击工具栏上方"段落"选项右下侧的小箭头,在弹出的"段落"对话框中选择相应的选项(图2-5)。

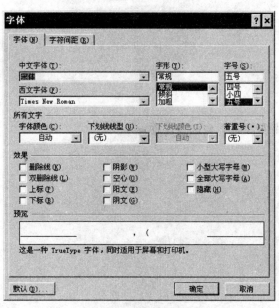

图 2-4 "字体"对话框

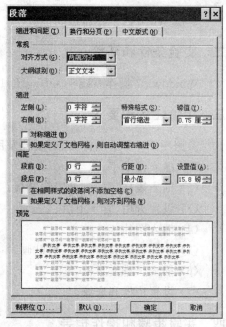

图 2-5 "段落"对话框

4. 插入页眉

在菜单栏中选择"插入"→"页眉"命令,选择"空白"格式。

5. 插入公式

(1)选择"插入"→"公式"→"插入新公式"命令。

(2)在"公式工具"栏(图2-6)中选择需要的模板,完成公式输入。

(3)单击公式编辑窗口外的任一点,或按 Esc 键,结束公式的编辑。

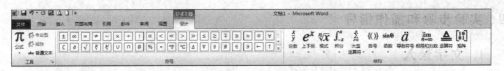

图 2-6　公式工具

五、实验报告要求

按实验任务要求完成文档的编辑排版及公式插入。

2.3　综合编辑排版

一、实验目的

掌握 Word 的常用排版功能。

二、实验条件和环境

Windows 7 操作系统＋ Office 2010。

三、实验任务和要求

参照图 2-7 所示的样文,对文档及图片进行如下编辑和设置:
(1) 插入艺术字。
(2) 插入表格、书签,设置超链接。
(3) 设置分栏、首字下沉。
(4) 插入图片。
(5) 制作页眉页脚,插入剪贴画。
(6) 插入竖排文本框。
(7) 设置边框和底纹。

四、实验步骤和操作指导

1. 插入艺术字

选择"插入"菜单,单击"艺术字"按钮下方的小箭头,在打开的艺术字库对话框中选择一种艺术字样式,单击"确定"按钮后,在打开的"编辑艺术字"对话框中输入样文中的文字并进行编辑。

2. 插入表格、书签并设置超链接

(1) 将插入点移至要建立表格的位置上,在菜单栏上选择"插入",单击"表格"按钮小箭头,选择"插入表格"。

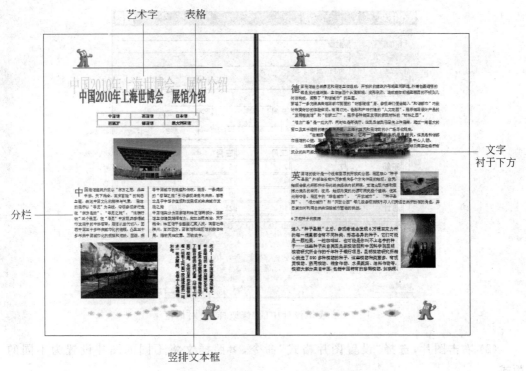

图 2-7　Word 编辑排版样文

（2）在"插入表格"对话框中设置"行数"和"列数"分别为 2 行和 3 列。

（3）选中插入的表格，在"表格工具"中选择"设计"菜单，单击"设计"菜单右侧小箭头，在打开的下拉菜单中选择"修改表格样式"选项，在打开的"修改样式"对话框中选择"样式基准"为"网页型 2"（图 2-8），单击"确定"按钮。

（4）在正文中找到关于德国馆的文字段落，选中"德国展馆"，在菜单栏上选择"插入"→"书签"，为该词组建立书签。

（5）参照样文，在单元格中输入国家名。选中"德国"国家名，右击，在弹出的快捷菜单中选择"超链接"命令。在"插入超链接"对话框中选择"本文档中位置"，并选"书签"→"德国展馆"，单击"确定"按钮。

3．分栏和首字下沉

（1）选择要分栏的段落，点击"页面布局"→"分栏"→"更多分栏"按钮（或直接点击"两栏"按钮），选择"栏数"为 2，并插入纵向分隔线。

（2）将插入点置于要设置首字下沉的段中，选择"插入"→"首字下沉"命令，按要求完成首字下沉（设置下沉行数为 2）。

4．插入图片

（1）将插入点置于要插入剪贴画的位置，选择"插入"→"图片"命令，插入选择的图片。

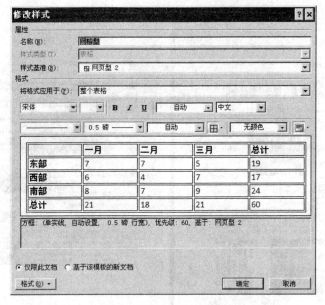

图 2-8　表格设计中的"修改样式"对话框

（2）右击图片，选择"设置图片格式"命令，参照样文将不同的图片设置为不同的版式。

5. 制作页眉、页脚并插入剪贴画

（1）选择"插入"→"页眉"命令，选择"空白"格式。

（2）页顶部出现的"页眉区"中插入图片，并输入文字"上海世博会展馆介绍"。

（3）选择"插入"→"页脚"命令，在页脚区插入图片或剪贴画。

6. 竖排文本框

（1）在"插入"菜单下单击"文本框"按钮，选择"绘制竖排文本框"，输入文字。

（2）按样文插入图片并设置为"四周型"。选中图片，并按 Shift 键将文本框同时选中，在菜单栏的"格式"中选择"组合"，即将图形和文本框组合为一体。

7. 设置边框和底纹

选中文字"6 万粒种子的震撼"，选择"开始"→"段落"→"底纹"按钮（图 2-9），将底纹颜色设为浅黄色。

图 2-9　插入底纹

五、实验报告要求

按实验任务要求完成给定文档的编辑排版。

六、实验思考题

(1) 如何取消边框?

(2) 分栏若出现栏长短不一的情况时如何解决?

(3) 将图片衬于文字下方时,如何将图片淡化处理?

2.4　科技论文排版

一、实验目的

掌握科技论文排版的方法。

二、实验条件和环境

PC ＋ Windows 操作系统＋ Office 2010。

三、实验任务和要求

选择一篇科技论文,参照图 2-10 和图 2-11 所示的样文,按照下列要求进行编辑和设置。

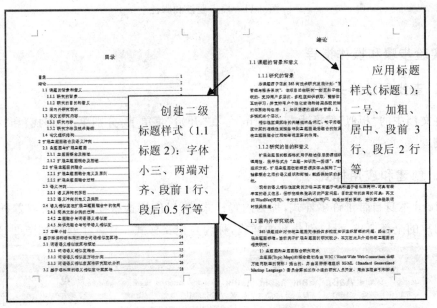

图 2-10　制作目录、使用样式

（1）在长文档中查找和替换关键词。

（2）创建和应用样式。

（3）制作目录。

（4）插入题注、脚注和尾注。

（5）编辑页眉，实现奇偶页不同页眉。

（6）将 DOC 文档格式转换为 PDF 格式。

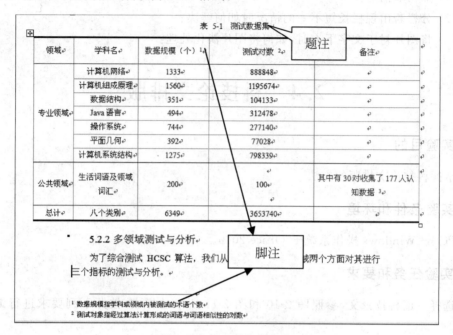

图 2-11　插入题注和脚注

四、实验步骤和操作指导

1. 查找和替换关键词

将文档中的"相似"替换为"conform"。在"开始"菜单下，分别单击"查找"和"替换"按钮完成。

2. 创建和应用样式

Word 本身自带了许多样式，称为内置样式，可以应用这些样式。如果内置样式不能满足用户的全部要求，可以创建新的样式，称为自定义样式。样式工具栏如图 2-12 所示。

图 2-12　样式工具栏

设置样式后，可以在"视图"菜单中勾选"导航窗格"复选框，文档左侧将出现如图 2-13 所示的导航窗格。这样，就可以方便地浏览文档了。

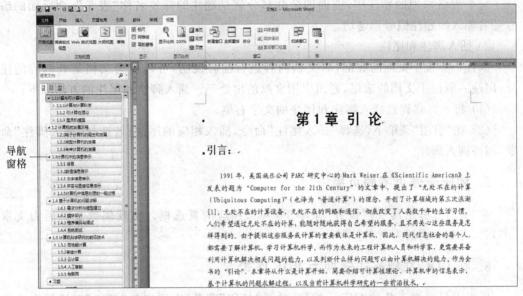

导航
窗格

图 2-13　导航窗格

3．制作目录

（1）把光标移到需生成目录的位置。

（2）在"引用"菜单下单击"目录"按钮小箭头，在弹出的"内置"目录样式中选择需要的样式。

（3）或在弹出的"内置"目录样式中选择"插入目录"→"修改"，进行相应的样式修改。还可在"显示级别"列表框中指定目录中显示的标题层次。一般只显示 3 级目录比较恰当。

（4）在"制表符前导符"列表框中指定标题与页码之间的制表位分隔符。

（5）单击"确定"按钮，完成目录制作。

4．插入题注、脚注和尾注

1）插入题注

可以给文中已有的表格、图片、公式等项目手动添加题注。参照图 2-11，给选定的表格添加题注，方法如下：

（1）将光标移到要添加题注的表格上方。

（2）在"引用"菜单下单击"插入题注"按钮。

（3）在"题注"对话框中单击"新建标签"按钮，在"新建标签"对话框中输入"表 5-"，单击"确定"按钮，返回"题注"对话框。

（4）在"位置"列表框中选择标题的位置为"所选项目的上方"（图片一般在下方）。

（5）单击"编号"按钮,在弹出的"题注编号"对话框中,可以选择合适的编号,单击"确定"按钮。

每个表格添加的题注中,前面的公共部分就是题注的标签名称"表 5-",而后面的编号随着插入的题注编号而递增。

2）插入脚注和尾注

脚注一般位于页面的底部,对文档内容进行注释说明,可以作为文档某处内容的注释;尾注一般位于文档的末尾,列出引用文献的出处等。插入脚注和尾注的方法如下:

（1）将光标移到要插入脚注和尾注的文字右侧。

（2）在"引用"菜单下,选择"插入尾注"命令,插入相应的尾注;若选择"插入脚注"命令,则可插入脚注。

5. 编辑奇偶页不同页眉

在"页眉页脚工具"的"设计"菜单下,勾选相应的复选框。实现偶数页页眉为文章（书）名,奇数页页眉为章名。

6. 将 DOC 文档格式转换为 PDF 格式

单击主界面左上角的 Office 按钮,选择"打印"菜单,在弹出的"打印"对话框中选择打印机为 Adobe PDF,然后单击"打印"按钮,选择 PDF 文件保存的目录,完成 PDF 文件制作。

五、实验报告要求

选择一篇长文档,按实验任务要求完成相应的编辑排版。

六、实验思考题

（1）如何快速在长文档中定位?

（2）如何修改、删除脚注和尾注?

第 3 章 演示文稿制作

3.1 演示文稿的创建与外观设计

一、实验目的

(1) 掌握演示文稿的创建方法。

(2) 熟悉幻灯片中格式的设置。

(3) 掌握在大纲视图方式下的操作。

(4) 掌握改变幻灯片版式的方法。

(5) 掌握幻灯片背景的设置方法。

(6) 掌握幻灯片主题的设置方法。

(7) 掌握母版的设置。

二、实验条件和环境

在 Microsoft PowerPoint 2010 环境下进行操作。

三、实验任务和要求

(1) 创建包含不同版式幻灯片的演示文稿。

(2) 在幻灯片视图下对标题幻灯片进行格式设置。

(3) 在大纲视图下分割幻灯片。

(4) 在浏览视图下,进行幻灯片的复制、移动和删除操作。

(5) 改变第二张幻灯片的版式。

(6) 设置幻灯片的背景。

(7) 设置演示文稿的主题。

(8) 使用幻灯片母版,设置标题和文本的样式,插入艺术字。

四、预习准备

1. PowerPoint 2010 窗口的组成

PowerPoint 2010 启动后的窗口如图 3-1 所示,该窗口从上到下由以下几个部分组成:

- 标题栏。显示当前演示文稿的名称，刚启动 PowerPoint 2010 时，默认创建一个新的演示文稿，名称为"演示文稿1"。
- 功能区。该区最左边为"文件"菜单，菜单中包含新建、打开、保存、另存为等命令，其他部分由各个选项卡（标签）组成，例如"开始""插入"等，每个选项卡中包含若干个命令按钮。
- 工作区。这是启动程序时默认显示的视图方式，称为普通视图，该视图由 4 个部分构成，左边显示的两个选项卡从左到右分别是幻灯片和大纲，中间大部分区域显示的是当前幻灯片区，该区的下方是备注区。
- 状态区。在窗口的下方，其中左边显示当前幻灯片编号和总幻灯片数目，右边有 3 个用于视图切换的按钮和缩放按钮，拖动其中的滑块可以改变工作表显示的缩放比例。

PowerPoint 2010 窗口最大的变化就是窗口上方的功能区替代了 2003 以前版本中的菜单栏和工具栏。

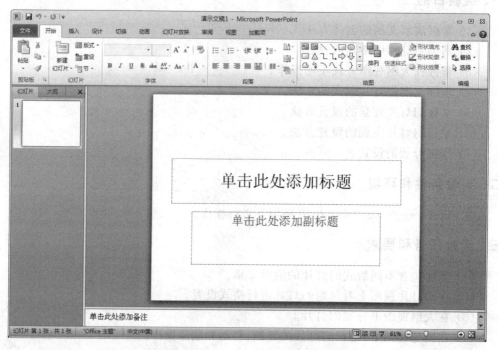

图 3-1　PowerPoint 2010 的启动窗口

一个功能区由多个选项卡组成，例如，"开始"选项卡、"插入"选项卡、"设计"选项卡、"动画"选项卡等，每个选项卡中包含了多个命令，这些命令以分组的方式进行组织，例如，图中显示的是"开始"选项卡，该选项卡中的命令分为 6 组，分别是剪贴板、幻灯片、字体、段落、绘图和编辑，每个组中包含了若干个按钮，对应了不同的命令。

双击某个选项卡的名称时，可以将该选项卡中的功能区隐藏起来，再次双击时又可以显示出来。

功能区中有些分组中的某些按钮的右方有一个下拉箭头▾，单击该箭头时可以打开一个下拉菜单。还有些分组的右下角有一个指向右下方的箭头  ，单击该箭头时可以打开一个用于设置的对话框或任务窗格。

2. PowerPoint 2010 的视图方式

PowerPoint 提供了 4 种不同的视图方式,分别是普通视图、幻灯片浏览视图、阅读视图和幻灯片放映视图。

1)普通视图

普通视图是启动 PowerPoint 后窗口默认显示的,该视图由 4 个区域组成,分别是幻灯片、大纲、当前幻灯片和备注,其中大纲和幻灯片是通过两张选项卡显示的,拖动其他任何两个视图中间的分隔线,可以改变每一部分在屏幕上的显示比例。

- 幻灯片选项卡。该区域从上到下按顺序显示文稿中全部幻灯片的缩略图,可以浏览显示整个文稿的变化,对整张幻灯片进行复制、删除或改变顺序,但不能对幻灯片中的具体内容进行编辑。
- 大纲选项卡。按顺序显示文稿中每一张幻灯片的文本内容和文本的组织层次结构,即幻灯片标题、各级文本的标题和内容。
- 当前幻灯片区。这是窗口中间占据范围最大的一部分,只显示当前幻灯片的内容,可以对当前幻灯片进行设计和编辑。
- 备注区。用来编辑每张幻灯片的备注内容,备注是讲演者对每一张幻灯片所做的注解或提示,仅供讲演者在演示时使用,其内容并不在幻灯片上显示,在播放时也不显示。

2)幻灯片浏览视图

在浏览视图下,按顺序显示文稿中全部幻灯片的缩略图,可以浏览显示整个文稿的变化,对整张幻灯片进行复制、删除或改变顺序,但不能对幻灯片中的具体内容进行编辑。

该视图包含了幻灯片选项卡的功能,但功能更多一些,例如可以进行排练计时、摘要幻灯片等。

3)放映视图

该视图方式下,以全屏幕方式播放文稿,这时,播放从当前幻灯片开始到文稿结束的每一张幻灯片。

4)阅读视图

该视图下将幻灯片改变为适应窗口的大小,便于查看幻灯片的内容。

在不同的视图方式下对幻灯片进行不同的编辑操作,视图之间可以方便地切换,切换时可以单击窗口右下方的切换按钮,也可以使用"视图"选项卡的"演示文稿视图"分组中的各个按钮(图 3-2)。

图 3-2 "视图"选项卡

3．设置演示文稿的主题

演示文稿的主题是 3 组格式选项的组合,这 3 组格式选项分别是主题的颜色、主题的字体(包括标题字体和正文字体)和主题的效果(包括线条和填充效果)。使用主题可以方便地设置整个文档的格式和外观,设置主题使用功能区的"设计"选项卡,如图 3-3 所示。

图 3-3　"设计"选项卡

4．使用母版

设置幻灯片母版,可以使所有幻灯片有统一的外观,设置母版时使用功能区的"幻灯片母版"选项卡,如图 3-4 所示。

图 3-4　"幻灯片母版"选项卡

母版中记录了幻灯片的所有格式信息,决定了幻灯片中文本的格式,标题的样式、位置,各个对象的布局、背景、配色方案等,使用幻灯片母版,可以使文稿中所有幻灯片有统一的外观。

五、实验步骤和操作指导

1．向演示文稿中添加幻灯片

(1) 在自动创建的"演示文稿 1"中,已经自动创建了第一张空白幻灯片,其版式为"标题幻灯片",该空白幻灯片中有两个文本框,分别用于输入"标题"和"副标题"。向"标题"虚框内输入标题内容"全国计算机等级考试二级教程"。

(2) 向"副标题"虚框中输入内容"C++ 程序设计"。

2．创建第 2 张幻灯片

(1)单击"开始"选项卡中"幻灯片"分组中的"新建幻灯片"按钮,打开下拉菜单,如图 3-5 所示,菜单中"Office 主题"区显示了各种不同的幻灯片版式。

(2) 在主题区选择版式"内容与标题",窗口中间的幻灯片显示的是采用该版式的空白幻灯片(图 3-6)。

(3) 向"标题"虚框内输入标题"本课程主要内容"。

图 3-5　不同的幻灯片版式

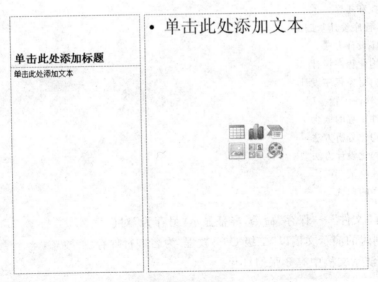

图 3-6　"内容与标题"版式的空白幻灯片

（4）单击左侧"标题"下方的虚框，在该框中输入下列 3 行内容：

1.二级公共基础知识

2．C++理论

3.上机操作

（5）在右侧的虚框中，有 6 个按钮，表示可以插入的内容分别是表格、图片、SmartArt 图形、来自文件的图片、剪贴画和媒体剪辑，单击其中第二行第二个"剪贴画"按钮，这时，窗口右侧显示"剪贴画"任务窗格，如图 3-7 所示。

（6）在"搜索文字"框内输入"人物"，然后单击"搜索"按钮，任务窗格下方出现各种人物的剪贴画，单击某个剪贴画，将该剪贴画插入到右边的虚框中。

第 2 张幻灯片内容输入完毕。

图 3-7 "剪贴画"任务窗格

3. 创建第 3 张幻灯片

（1）创建版式为"标题和内容"的空白幻灯片（不是上一张幻灯片的版式"内容与标题"）。

（2）输入幻灯片标题内容"二级公共基础知识"。

（3）单击内容框，在框内输入以下各行的内容：

第 1 章　数据结构与算法

1.1　算法

1.2　数据结构的基本概念

1.3　线性结构

1.4　树和图

1.5　查找和排序

第 2 章　程序设计基础

2.1　程序设计方法

2.2　结构化程序设计

2.3　面向对象程序设计

第 3 章　软件工程基础

3.1　软件工程的概念

3.2　结构化分析方法

3.3　结构化设计方法

3.4　软件测试

3.5　程序的调试

（3）选择"文件"→"保存"命令，屏幕显示"另存为"对话框。

（4）将创建的演示文稿以"二级 C++ 教程"为名进行保存。

目前，该演示文稿中有 3 张幻灯片。

4. 设置第 1 张幻灯片中字符的格式

（1）单击第 1 张幻灯片的标题文本框，该文本框四周出现 8 个控点，同时，光标在框内的插入点处闪烁。选中标题的文本。

（2）在"开始"选项卡的"字体"分组，使用各个按钮将该标题的文本设置为黑体、48

磅、蓝色。

(3) 将副标题的文本设置为宋体、40 磅、红色。

其他幻灯片的字符格式自行设置。

(4) 单击工具栏上的"保存"按钮,保存上面所进行的设置。

5. 在大纲视图下分割幻灯片

大纲视图下分割幻灯片的操作可以使用"开始"选项卡的"段落"分组中的"降低列表级别"按钮完成。

(1) 在大纲视图中,单击第 3 张幻灯片中的文本"第 1 章 数据结构与算法",然后单击功能区中的"降低列表级别"按钮，这时,第 3 张幻灯片被分割为两张,同时该文本升级为新幻灯片的标题。

(2) 在新的第 4 张幻灯片中,单击文本"第 2 章 程序设计基础",同样,单击工具栏上的"降低列表级别"按钮，将选中标题的级别进行提升,这时,该文本成为新幻灯片的标题,该文本之后的内容成为新幻灯片中的文本。

(3) 在新的第 5 张幻灯片中,将标题"第 3 章软件工程基础"的级别进行提升,这时,该文本成为新幻灯片的标题,该文本之后的内容成为新幻灯片中的文本。

分割后,该演示文稿由 3 张幻灯片变为 6 张,分割前后的内容分别见图 3-8 和图 3-9。

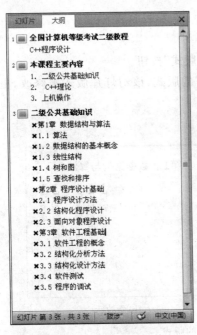

图 3-8　幻灯片分割之前

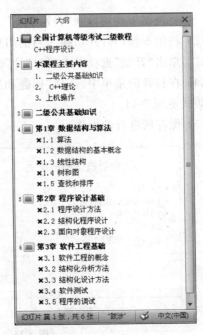

图 3-9　幻灯片分割之后

6. 在浏览视图下删除和移动幻灯片

(1) 单击窗口下方"幻灯片浏览"按钮,将视图方式切换到浏览视图,如图 3-10 所示。

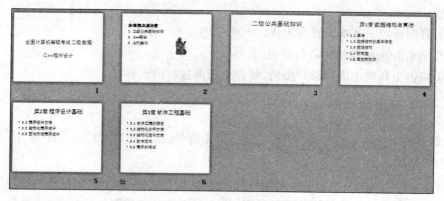

图 3-10   幻灯片浏览视图

（2）在浏览视图中单击第 1 张幻灯片，按住 Ctrl 键后，将其拖动到第 3 张幻灯片之前，完成幻灯片的复制，这时文稿中有了 7 张幻灯片。

（3）在浏览视图中单击第 3 张幻灯片，然后按 Del 键，删除刚复制的张幻灯片。

（4）将第 2 张幻灯片移动到最后一张。

（5）将最后一张再移动到原来的位置。

7. 改变第 5 张幻灯片的版式

（1）将视图方式切换到"普通视图"。

（2）将第 5 张幻灯片切换为当前幻灯片。

（3）单击"开始"选项卡中"幻灯片"分组中的"版式"按钮。

（4）在打开的菜单中，选择"标题和竖排文字"的版式，该幻灯片版式被修改，更改前后的版式见图 3-11。

（5）保存所进行的操作。

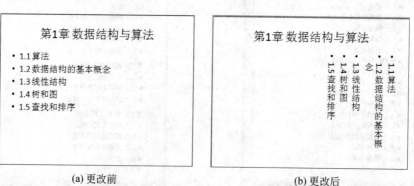

图 3-11   更改幻灯片的版式

8. 设置幻灯片的背景

将第 1 张幻灯片的背景填充预设颜色为"雨后初晴"，方向为"中心辐射"，操作方法如下：

（1）在"设计"选项卡的"背景"分组中，单击"背景样式"按钮。

（2）执行菜单中的"设置背景格式"命令，打开"设置背景格式"对话框。

（3）在"设置背景格式"对话框中，选择其中的"渐变填充"单选按钮，显示内容如图 3-12 所示。

图 3-12 "设置背景格式"对话框

（4）在"预设颜色"下拉列表框中选择第一行第四个"雨后初晴"。

（5）在"类型"下拉列表框中选择"射线"。

（6）在"方向"中选择第 3 个"中心辐射"。

（7）单击"全部应用"按钮，然后关闭对话框。

（8）保存所进行的操作。

9．设置演示文稿的主题

下面将演示文稿设置名为"跋涉"的主题，操作方法如下：

（1）在"设计"选项卡的"主题"分组中，单击某个主题时，可以看到幻灯片中颜色、字体的同步变化，同时在该主题的下方显示了主题的名称。

（2）在"主题"区右侧的滚动条中有一个向下的箭头，单击该箭头时，提示有多行主题，选择其中名为"跋涉"的主题。

（3）在"主题"区的右侧就是 3 组方案，分别是颜色、字体和效果，每个方案右侧都有一个向下的箭头，单击时显示下拉表表框，可以在列表框中选择其中的某一种方案。

这里在"颜色"方案中选择"凸显"，在"字体"中选择"沉稳"，在"效果"中选择"龙腾四海"。

（4）执行"另存为"命令，将演示文稿更名保存。

10. 使用幻灯片母版

下面使用母版设置幻灯片标题的字符格式和文本的字符格式,并且在幻灯片左下角插入艺术字,艺术字内容是"计算机等级考试",操作过程如下:

(1) 在"视图"选项卡上的"母版视图"分组中,单击"幻灯片母版",这时,功能区显示"幻灯片母版"选项卡。

(2) 在"幻灯片母版"选项卡上的"编辑母版"分组中,单击"插入幻灯片母版"。

(3) 单击选择标题区,设置该标题的字符格式为楷体_GB2312、40磅、蓝色、加粗。

(4) 单击选择文本样式,设置该文本的字符格式为仿宋_GB2312、32磅、黄色。

(5) 在"插入"选择卡的"文本"分组中,单击"艺术字"按钮,在打开的列表框中选择一种样式,输入内容"计算机等级考试"。

(6) 设置艺术字的字号为20磅,并将艺术字拖动到幻灯片的左下角。

(7) 单击"幻灯片母版"选项卡"关闭"分组中的"关闭母版视图"按钮。

(8) 执行"另存为"命令,将演示文稿更名保存。

六、实验思考题

(1) 除了本实验中创建的空白演示文稿,在 PowerPoint 中还有哪些方法也可以创建演示文稿?

(2) 对每一张幻灯片,可以选择的版式有多少?

(3) 在幻灯片母版中,可以进行的设置有哪些?设置后对哪些幻灯片有效?

(4) 设置背景和主题时,如果要将其应用于演示文稿中所有的幻灯片,应如何操作?

(5) 哪些因素可以影响幻灯片的外观?

3.2 设置动画与建立超链接

一、实验目的

(1) 熟悉"动画"选项卡中各个分组的作用。

(2) 掌握动画效果的设置。

(3) 掌握幻灯片之间的切换效果设置方法。

(4) 掌握创建超链接的方法。

(5) 熟悉动作按钮的使用。

二、实验条件和环境

在 Microsoft PowerPoint 2010 环境下进行操作。

三、实验任务和要求

(1) 设置幻灯片内各个对象的动画效果,这些对象包括文本、图片等。

（2）将所有幻灯片切换方式设置为"溶解"。

（3）创建超链接，链接到"西安交通大学"主页。

（4）为每一张幻灯片设置"开始""结束""前进"和"后退"动作按钮。

四、预习准备

1．演示文件中动画的设置

PowerPoint 的动画有两种，分别是幻灯片内的动画和幻灯片间的动画。

幻灯片内的动画是指为幻灯片上的文本、图片、表格、图表等分别设置不同的动画效果，这样可以突出每个部分对象的重点，增强演示的效果。

定义动画在"动画"选项卡中进行，如图 3-13 所示。

图 3-13　"动画"选项卡

幻灯片之间的切换是指在播放演示文稿过程中，从一张幻灯片播放完成后更换到下一张幻灯片时的切换效果，即两个幻灯片之间的变换方法，例如淡出、旋转等。

幻灯片切换方式在"切换"选项卡中进行设置，如图 3-14 所示。

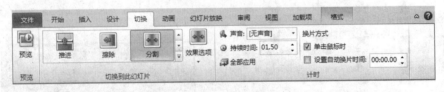

图 3-14　"切换"选项卡

2．设置超链接

在演示文稿中创建超链接，这样在播放时通过超链接可以跳转到不同的位置，这个位置可以是演示文稿中的某张幻灯片，也可以是本机上的某个文档，还可以是 Internet 上的某个网站或网页。

创建超链接的起点可以是任何文本或图形对象，如果对某个文本设置了超链接，这些文本下方会添加下划线，创建超链接可以使用"插入"选项卡的"链接"分组中的"超链接"按钮或"动作"按钮。

五、实验步骤和操作指导

1．定义动画

（1）将前面创建的演示文稿中第二张幻灯片切换为当前幻灯片。

（2）选定该幻灯片的标题，然后单击"动画"选项卡中的"添加动画"按钮，在下拉列表框中显示了4类效果，分别是进入、强调、退出和动作路径，每一类有各种不同的效果，例如进入类中的出现、淡出、飞入等，如图3-15所示。

（3）选择幻灯片中的其他对象，分别设置不同的动画效果，各个动画设置后的幻灯片如图3-16所示，其中最左边的1～4等数字表示这些动画出现的先后顺序。

图3-15　不同的动画效果

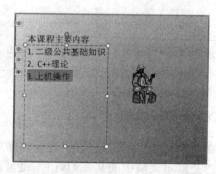

图3-16　设置动画后的效果

2. 设置幻灯片的切换方式

（1）"切换"选项卡的"切换到此幻灯片"分组中显示了切换方式和效果选项，单击某种切换方式，在当前幻灯片区会自动显示切换的效果，该选项卡的"计时"分组中有声音、持续时间和换片方式等。

（2）单击某种切换方式，屏幕上会自动预览切换的效果，就是设置后的效果，这里选择其中的一种方式"溶解"。

（3）进行如下的设置：

- 在"效果选项"下拉菜单中选择"全黑"。
- 在"声音"下拉列表框中选择"鼓掌"。
- 在"换片方式"选项中选择"单击鼠标时"。
- 单击"全部应用"按钮，将该切换方式应用于所有的幻灯片。

（4）在"幻灯片放映"选项卡中，执行"开始放映幻灯片"→"从头开始"命令，屏幕上开始播放文稿，在播放中观察幻灯片之间的切换效果。

（5）保存所做的设置。

3. 使用超链接命令创建超级链接

创建超链接，链接到"西安交通大学"的主页，方法如下：

（1）将演示文稿切换到最后一张幻灯片。

（2）在文本处输入"主讲单位：西安交通大学"，然后选中文本"西安交通大学"。

（3）在"插入"选项卡上的"链接"分组中，单击"超链接"按钮，打开"插入超链接"对话框，如图 3-17 所示。

图 3-17 "插入超链接"对话框

（4）在对话框的"地址"文本框内输入链接的目标地址，即西安交通大学的网址www.xjtu.edu.cn。

（5）关闭此对话框，这时，幻灯片中"西安交通大学"这几个字添加了下划线，表明已插入了超链接。

4. 在幻灯片中添加动作按钮

在每一张幻灯片上都设置"开始""结束""前进"和"后退"这 4 个动作按钮，分别链接到第一张、前一张、下一张和最后一张幻灯片，方法是在母版中进行设置。

创建过程如下：

（1）在"视图"选项卡的"母版视图"分组中，单击"幻灯片母版"，打开"幻灯片母版"编辑视图。

（2）在"插入"选项卡的"插图"分组中，单击"形状"下拉箭头，显示各种不同的形状，如图 3-18 所示,最后一组是动作按钮。

(3) 在"动作按钮"组中,选择按钮"开始"。

(4) 单击幻灯片上的一个位置,然后通过拖动为该按钮绘制形状,这时,显示"动作设置"对话框,如图 3-19 所示。

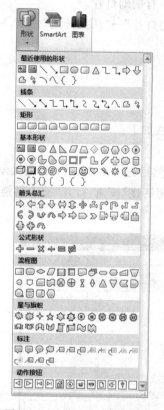

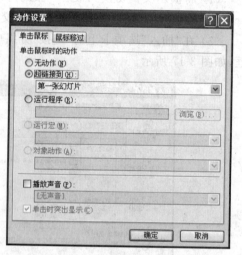

图 3-18 "动作按钮"级联菜单   图 3-19 "动作设置"对话框

(5) 在"动作设置"对话框中,选择"单击鼠标"选项卡,然后单击"确定"按钮。

(6) 重复(3)~(5)步骤,添加另外 3 个动作按钮,即"结束""前进"和"后退",在母版视图中设置后的结果如图 3-20 所示。

(7) 单击"幻灯片母版"选项卡,然后单击"关闭"分组中的"关闭母版视图"按钮,在普通视图中显示的动作按钮结果如图 3-21 所示。

(8) 单击"保存"按钮,保存所做的设置。

5．播放演示文稿

(1) 在"幻灯片放映"选项卡中,选择"开始放映幻灯片"分组中的"从头开始"按钮开始播放文稿。

(2) 在播放演示文稿时,观察幻灯片的切换效果。

(3) 分别单击 4 个不同的动作按钮,观察跳转到的幻灯片。

(4) 在最后一张幻灯片中单击设置的超链接,观察是否可以打开 IE 浏览器窗口并且

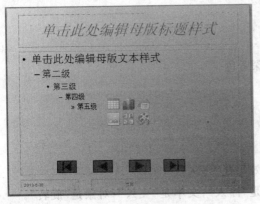

图 3-20　母版视图下的动作按钮　　　　图 3-21　普通视图下的动作按钮

在窗口中显示西安交通大学的首页。

（5）保存所做的操作。

六、实验思考题

（1）在定义动画时，各个对象的启动顺序是如何设定的？

（2）在进行幻灯片切换方式设置时，有几种换片方式？

（3）在插入超级链接时，链接的目标除了 Web 页以外还有哪些？

（4）在建立动作按钮时，出现的对话框中有两个选项卡，分别是"单击鼠标"和"鼠标移过"，这两个选项卡的作用是什么？

3.3　综　合　实　验

本实验只给出了实验要求，具体的操作步骤可以参考前面的各个实验。

1. 创建幻灯片

本演示文稿的内容是介绍所学的某门课程中某一章的内容，包含 4 张以上的幻灯片，各个幻灯片的具体要求如下：

（1）第 1 张：版式为"标题幻灯片"。

- 主标题：要介绍的内容。
- 副标题：制作人所在学院、班级和姓名。

（2）第 2 张：版式为"标题和内容"，列出要讲述的要点。

（3）第 3 张：版式为"两栏内容"，两栏内容为中英文对照的术语，内容自拟。

（4）第 4 张：版式为"内容与标题"版式，在文本框中输入一个名词解释，在另一个框中插入一个图片或剪贴画（自选）。

其他幻灯片的内容自行设计。

2. 定义幻灯片母版

- 标题字号 36 磅、楷体、居中、红色。
- 一级正文字号 26 磅、宋体、左对齐、深蓝色。
- 在右下角显示幻灯片编号。
- 在左下角显示日期和时间。

3. 定义动画

(1) 第 2 张幻灯片定义动画要求：动画效果是"飞入"。
(2) 第 4 张幻灯片定义动画要求：标题是"浮入"；文本是"飞入"；对象是"旋转"。
(3) 其他幻灯片动画效果自行定义。

4. 设置动作按钮

每张幻灯片上都设置 4 个动作按钮，分别是"开始""结束""前进"和"后退"，分别用来链接到首页、末页、前一页和后一页。

5. 设置幻灯片切换效果

所有幻灯片切换效果都设置为"随机线条"，换页方式为"单击"。

第 4 章 电子表格应用

4.1 工作表建立及基本操作

一、实验目的

(1) 熟悉 Excel 2010 窗口的基本组成。

(2) 掌握建立工作表的方法。

(3) 熟悉单元格格式的设置方法。

(4) 掌握条件格式的设置。

二、实验条件和环境

在 Microsoft Excel 2010 环境下进行操作。

三、实验任务和要求

(1) 输入数据,建立工作表。

(2) 有序数字的输入。

(3) 将第一行标题的格式设置为黑体,字号为 14 磅,合并居中。

(4) 将第二行单元格的格式设置为楷体,字号为 12 磅。

(5) 对工作表中的成绩区域设置条件格式,对成绩大于等于 90 的单元格设置格式为红色下划线,对成绩小于 60 的单元格设置为蓝色倾斜。

四、预习准备

1. Excel 2010 窗口的组成

Excel 2010 启动后的窗口如图 4-1 所示。

该窗口从上到下由以下几个部分组成:

- 标题栏。显示最常用的几个按钮和当前工作簿的名称。
- 功能区。该区最左边为"文件"菜单,其他部分由各个标签组成,例如"开始""插入"等,每个标签中包含若干个命令按钮组成的分组,例如"开始"标签中的"字体"

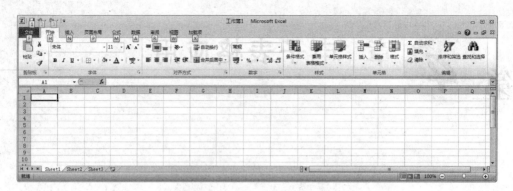

图 4-1　Excel 2010 的窗口

"对齐方式"等。

- 表格区。这是二维表格,左边显示每一行的行号,上方是每一列的列标。
- 工作表标签区。在表格左下方,显示组成工作簿的各个工作表的名称。
- 缩放区。在窗口的右下方,拖动其中的滑块可以改变工作表显示的缩放比例。

Excel 2010 窗口最大的变化就是窗口上方的功能区,功能区替代了 2003 以前版本中的菜单栏和工具栏。

一个功能区由多个选项卡组成,例如"开始"选项卡、"插入"选项卡、"页面布局"选项卡等,每个选项卡中包含了多个命令,这些命令以分组的方式进行组织。例如,图 4-1 中显示的是"开始"选项卡,该选项卡中的命令分为 7 组,分别是剪贴板、字体、对齐方式、数字、样式、单元格和编辑,每个分组中包含了若干个按钮,对应了不同的命令。

双击某个选项卡的名称时,可以将该选项卡中的功能按钮隐藏起来,再次双击时又可以将其显示出来。

功能区中有些分组中的某些按钮的右方有一个下拉箭头 ▾,单击该箭头时可以打开一个下拉菜单。还有些分组的右下角有一个指向右下方的箭头 ▨,单击该箭头时可以打开一个用于设置的对话框或任务窗格。

2．Excel 2010 的重要概念

1) 工作表

工作表用来存储和处理数据,一个工作表中有 1 048 576 行(即 2^{20} 行),每一行有 16 384 列(即 2^{14} 列),这样,一个工作表中共有 2^{34} 个单元格。

2) 工作簿

工作簿是 Excel 的文档,它的扩展名是 xlsx,一个新建的工作簿中默认有 3 张工作表,这 3 张表默认的名称分别是 Sheet1、Sheet2 和 Sheet3。

可以向工作簿中添加新的工作表,也可以将一个工作表从工作簿中删除,还可以更改工作表的名称。

3) 单元格

工作表行和列的交叉处是单元格,单元格是表格的最小单位。

大学计算机——计算、构造与设计实验指导

一个单元格由数据内容、格式和批注 3 部分组成。单元格中的数据可以是数值、文字、公式、图片、声音等;每个单元格中还可以设置格式,例如字体、字号等;也可以在单元格中插入批注,所谓批注,就是对单元格所做的注解。

4)单元格的地址

工作表中的每一行分别用数字 1～1 048 576 来表示,称为行号;每一列分别用字母 A～XFD 来表示,称为列标,列标的具体值是 A,B,…,Y,Z,AA,AB,…,AY,AZ,BA,BB,…,BZ,…,XFA,…,XFD。

每个单元格所在列的列标与所在行的行号合起来构成了单元格的名称或地址,即采用下面的格式作为单元格的名称或地址:

列标+行号

例如,第 5 行第 1 列单元格的地址是 A5,而第 8 行第 4 列单元格的地址是 D8。

单元格的地址可以出现在公式中用来完成计算,例如 A1+B2 表示将 A1 和 B2 这两个单元格的数值进行相加。

5)区域

区域的表示方法是只写出区域的开始和结尾两个单元格的地址,两个地址之间用冒号隔开。例如:

- A1:A10 表示从第 1 行到第 10 行每一行中第 1 列的 10 个单元格,所有单元格在同一列上。
- A1:F1 表示第 1 行中第 1 列到第 6 列的 6 个单元格,所有单元格在同一行。
- A1:C5 表示以 A1 和 C5 为对角线两端的矩形区域,这个区域由 3 列 5 行共 15 个单元格组成。

3. 有规律数据的快速输入

如果要在连续的单元格中输入相同的数据或具有某种规律的数据,例如等差数列、等比数列,使用自动填充功能可以方便地完成输入。

1)输入相同的数字

如果同一行或同一列相邻的单元格中输入相同的数字,在输入第 1 个数字之后,可以拖动当前单元格右下角的复制柄,则鼠标拖动所经过的单元格都被填充了该单元格的内容。

在实际操作时应注意,当把鼠标移动到复制柄处时,屏幕上指针变为细十字形状+。

2)有序数字

如果要输入的数据具有某种规律,例如等差数列、等比数列,这就称为有序数字。

例如,要向 A1 到 F1 单元格分别输入数字 1、3、5、7、9、11,这是一个等差数列,操作过程如下:

(1)在 A1 和 B1 单元分别输入前两个数据 1 和 3。

(2)用鼠标从 A1 单元拖动到 B1 单元,选中这两个单元,这两个单元格被黑框包围。

(3)将鼠标移动到 B1 单元的右下角的复制柄,此时指针变为细十字形状+。

(4)拖动+到 F1 单元后松开鼠标,这时 C1 到 F1 分别填充了 5、7、9 和 11。

用鼠标拖动默认的是填充等差数列,如果要填充的是等比数列或日期序列,就要用到功能区"编辑"分组中的"填充"→"系列"命令了,然后在该命令打开的"序列"对话框(图 4-2)中进行设置。

4．条件格式

单元格的格式设置包括数字的显示方式、文本的对齐方式、字体字号、边框、背景等多种设置,在进行格式设置之前,要先选择进行设置的单元格对象。

如果只对选择区域中那些满足某个条件的数据设置格式,这就是条件格式,设置条件格式时,在功能区"样式"分组中的"条件格式"下拉菜单(图 4-3)中进行。

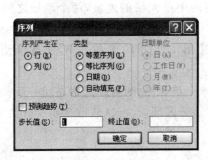

图 4-2 "序列"对话框   图 4-3 "条件格式"下拉菜单

五、实验步骤和操作指导

1．启动 Excel 2010,建立工作表

(1) 向 A1 单元输入"计算机信息 01 班'大学计算机'成绩表"。

(2) 向 A2 单元格输入"学号"。

(3) 向 B2 单元格输入"姓名"。

(4) 分别向 C2、D2 单元格输入"平时"和"期末"。

(5) 在 B3 到 D7 单元分别输入如图 4-4 所示的数据,输入时可按方向键←↑→↓或回车键选择其他单元,学号数据先不输入。

从已输入的数据可以看到,文字型数据自动向左对齐,数值型自动向右对齐。

2．有序数字的输入

(1) 在 A3 和 A4 单元分别输入两个学号 20100101、20100102。

(2) 拖动 A3 到 A4,被选择的两个单元用矩形框包围。

（3）将鼠标定位到矩形框右下角的小黑方块控制柄,沿 A5 到 A10 拖动,这时,A5 至 A10 单元按顺序自动填充学号,建立好的工作表如图 4-5 所示。

姓名	平时	期末
李红军	96	90
王清	78	87
胡青青	70	95
张芳芳	56	78
陈中	89	50
胡达	95	92
王五一	80	82
方明	78	86

图 4-4 工作表中的数据

	A	B	C	D
1	计算机信息01班 "大学计算机" 成绩表			
2	学号	姓名	平时	期末
3	20100101	李红军	96	90
4	20100102	王清	78	87
5	20100103	胡青青	70	95
6	20100104	张芳芳	56	78
7	20100105	陈中	89	50
8	20100106	胡达	95	92
9	20100107	王五一	80	82
10	20100108	方明	78	86

图 4-5 建立的工作表

3. 设置单元格格式

（1）选择标题栏的 A1 到 E1 单元格。

（2）单击"开始"选项卡。

（3）单击"字体"分组中的"字体"下拉箭头,在列表框中选择"黑体"。

（4）单击"字体"分组中的"字号"下拉箭头,在列表框中选择 14 磅。

（5）单击"对齐方式"分组中的"合并后居中"按钮🔳。

（6）从 A2 拖动到 D2 单元格,选择第二行各个单元格,将这些单元格设置为楷体,字号为 12 磅。

4. 设置条件格式

对成绩大于等于 90 的单元格设置格式为红色下划线,对成绩小于 60 的单元格设置为蓝色倾斜。

（1）选择区域 C3：D10。

（2）在"开始"选项卡的"样式"分组中,执行"条件格式"→"突出显示单元格规则"→"大于"命令,打开"大于"对话框,如图 4-6 所示。

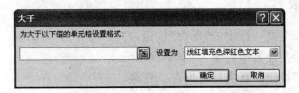

图 4-6 "大于"对话框

（3）向对话框左边的文本框中输入 89（即大于等于 90）。

（4）在"设置为"下拉列表框中选择"自定义格式"命令,打开"设置单元格格式"对话框,如图 4-7 所示。

（5）在对话框中,分别选择"单下划线"和"红色"。

（6）单击"确定"按钮,返回到"大于"对话框,再单击"确定"按钮,关闭"大于"对话框。

(7) 仿照步骤(2)~(6),将小于60分的单元格设置为蓝色倾斜。

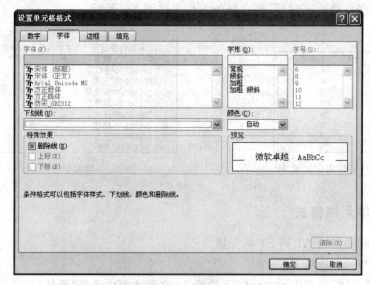

图 4-7 "设置单元格格式"对话框

设置格式后的工作表如图 4-8 所示。

	A	B	C	D	E
1	计算机信息01班"大学计算机"成绩表				
2	学号	姓名	平时	期末	
3	20100101	李红军	96	90	
4	20100102	王清	78	87	
5	20100103	胡青青	70	95	
6	20100104	张芳芳	56	78	
7	20100105	陈中	89	50	
8	20100106	胡达	95	92	
9	20100107	王五一	80	82	
10	20100108	方明	78	86	

图 4-8 设置格式后的工作表

5. 保存工作表

(1) 单击窗口最上面一行中的"保存"按钮,打开"另存为"对话框。

(2) 向对话框的文件名框内输入"学生成绩"。

(3) 单击"保存"按钮以新文件名保存工作表。

六、实验思考题

(1) Excel 2010 刚启动时,标题栏上打开的文档名是什么?默认情况下工作簿中由几张工作表组成?

(2) Excel 2010 窗口的功能区有哪些功能标签?

(3) Excel 2010 的一张工作表共有多少行和多少列?最大行号和最大列标分别是多少?

大学计算机——计算、构造与设计实验指导

（4）Excel 2010 工作簿文件的扩展名是什么？

4.2 公式与函数

一、实验目的

（1）熟悉 Excel 公式的使用。

（2）掌握 Excel 单元格的引用方法。

（3）熟练使用 Excel 的常用函数进行数据统计。

二、实验条件和环境

在 Microsoft Excel 2010 环境下进行操作。

三、实验任务和要求

（1）使用公式计算总评成绩。

（2）使用函数计算总评成绩。

（3）使用绝对引用计算各种书籍订购数量所占百分比。

（4）使用混合引用创建乘法口诀表。

四、预习准备

1. 数值计算

创建工作表时，向单元格中输入的是原始数据，对原始数据进行计算可以产生新的数据，例如计算几门课程的总分、平均分等。在进行数值计算时，可以使用求和按钮、状态栏、公式和函数等多种方法。

1）使用求和按钮∑

使用求和按钮∑可以方便地计算一个区域中各行的和，并将结果放在区域右侧的一列；也可以分别计算一个区域中各列的和，将结果放在区域下方的一行中。方法是：先选择要计算的数据所在的区域和存放结果的区域，然后，单击"开始"选项卡中"编辑"分组里的自动求和∑按钮即可。

如果要计算两个不连续的区域之和，可以先单击存放结果的单元格，然后单击∑按钮，在编辑区显示 SUM()，这时，按住 Ctrl 键后，分别选择不同的区域，选择后按回车键即可。

除了计算求和，在按钮∑的下拉菜单（图 4-9）下还有计算平均值、计数、最大值、最小值等。

2）在状态栏上显示自动计算的结果

Excel 具有自动计算功能，它可以对选择的单元格数据计算总和、均值、最大值、最小值等，默认计算的是总和，然后在状态栏上显示计算的结果。

如果在状态栏上右击,可以弹出"自定义状态栏"快捷菜单(图 4-10),在这个菜单上显示了其他的计算功能,例如计算均值、最大值、最小值等。

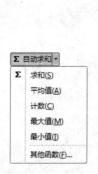

图 4-9 "自动求和"按钮的下拉菜单　　　　图 4-10 自定义状态栏菜单

3)使用公式进行计算

使用公式可以进行复杂的运算,具体操作时,先单击要输入公式的单元格,接下来向单元格输入公式,最后按回车键。这时,编辑栏显示的是公式,而单元格显示的是公式计算的结果。

在 Excel 中输入公式时,以符号＝或＋开始,后面是用于计算的表达式,表达式是用运算符将常数、单元格引用和函数连接起来所构成的算式,其中可以使用括号来改变运算的顺序。例如,公式"＝A1＋A2"表示计算 A1、A2 两个单元之和。

运算符有算术运算符、比较运算符和文字运算符。

算术运算符包括加号"＋"、减号"－"、乘号"＊"、除号"/"、乘方"^"和百分号"％"。例如,5％表示 0.05,而 4^3 表示 64。

比较运算符包括等于"＝"、大于"＞"、小于"＜"、大于等于"＞＝"、小于等于"＜＝"和不等于"＜＞",比较运算的结果为 TRUE 或 FALSE。例如 5＞3 的结果为 TRUE,而 5＜3 的结果为 FALSE。

文字运算符有连接运算符"&",作用是将两个文本连接起来。例如,表达式"abc"&"xyz"的运算结果为"abcxyz"。

当公式中所引用的单元格数据发生变化时,Excel 会根据新的值自动地重新进行计算。

4) 函数

在对工作表进行数据计算时,除了使用公式,还可以使用 Excel 提供的函数,在 Excel 中提供了多类函数,例如数学和三角函数类、财务类、统计类等,每一类由若干个函数组成,使用函数时,可以在功能区的"公式"选项卡的"函数库"分组中(图 4-11)进行查找,从图中可以看出,该分组中也包含了"自动求和"按钮。

图 4-11 "函数库"分组

向单元格输入函数时,先单击"函数库"分组中的"插入函数" f_x 按钮,打开"插入函数"对话框,然后就可以在对话框中选择需要的函数。

2. 单元格的引用方式

在向一个单元格输入公式后,如果拖动该单元格右下角的复制柄,可以将公式复制到鼠标经过的每个单元格中。进行公式复制时,Excel 并不是简单地将公式照原样复制下来,而是根据公式的原来位置和目标位置计算出单元格地址的变化。

例如,如果在 F3 单元输入的公式是"=B3+C3+D3",当复制到 F4 单元格时,由于目标单元格的行号发生了变化,这样,复制的公式中行号也相应地发生变化,这时的公式变成了"=B4+C4+D4",这是 Excel 中对单元格的一种引用方式,称为相对引用。除此之外,还有绝对引用和混合引用。

1) 相对引用

相对引用是指在公式复制、移动时,公式中单元格的行号、列标会根据目标单元格所在的行号、列标的变化自动地进行调整。

相对引用的表示方法是直接使用单元格的地址,即表示为"列标行号"的方法,例如单元格 B6、区域 C5:F8 等,这些写法都是相对引用。

2) 绝对引用

绝对引用是指在公式复制、移动时,不论目标单元格在什么地址,公式中单元格的行号和列标均保持不变。

绝对引用的表示方法是在列标和行号前都加上符号"$",即表示为"$列标$行号"的方法,例如单元格 $B$6、区域 $C$5:$F$8 的表示都是绝对引用的写法。

3) 混合引用

如果在公式复制、移动时,公式中单元格的行号或列标只有一个要进行自动调整,而另一个保持不变,这种引用方式称为混合引用。

混合引用的表示方法是只在行号或列标前加上符号"$",即表示为"列标$行号"或

"＄列标行号"的方法,例如 B＄6、C＄5：F＄8、＄B6、＄C5：＄F8 等都是混合引用的方法。

五、实验步骤和操作指导

用不同的方法对上次实验创建的工作表计算总评成绩,计算方法是平时成绩和期末各占 50％。

1. 公式的输入及复制

(1) 在 E2 单元格中输入"总评"。

(2) 在 E3 单元格中输入"＝(C3＋D3)/2",计算总评。

(3) 按住 E3 单元格右下角的控制柄,沿 E4 到 E10 拖动,这时,E4 到 E10 单元格内自动计算了每个人的总评成绩。

(4) 单击 E6 单元格,显示总评分为 67,而编辑区内显示的是"＝(C6＋D6)/2"。

结论:公式中引用的单元格,在公式复制时,其行号随单元格行号的变化而变化,这就是单元格的相对引用。

2. 直接输入函数

(1) 选择 E3 到 E10 单元格。

(2) 右击该区域,在打开的快捷菜单中,执行"清除内容"命令,将上面计算的总评分数清除。

(3) 向 E3 单元格中输入"＝AVERAGE(C3：D3)",其中 C3：D3 是区域引用,AVERAGE 是计算平均数的函数。

(4) 按回车键后,该单元格显示总评分数为 93。

(5) 单击 E3 单元格,此单元格被矩形包围。

(6) 按住该单元格右下角的控制柄,沿 E4 到 E10 拖动,重新计算每个人的总评分。

3. 插入函数

下面使用插入函数的方法重新输入函数。

(1) 先将上面计算的 E3 到 E10 单元格的总评分数清除。

(2) 单击 E3 单元格。

(3) 执行"公式"选项卡中的"其他函数"→"统计"→AVERAGE 命令(图 4-12),打开"函数参数"对话框(图 4-13)。

(4) 在 Number1 框内输入 C3：D3,即参与计算平均的单元格区域,然后单击"确定"按钮,这时完成 E3 单元格的总评成绩的计算。

(5) 将 E3 单元格的公式复制到 E4 到 E10 区域,重新计算 E4 到 E10 单元格中的总评成绩。

4. 绝对引用的使用

对图 4-14(a)所示的工作表计算各种书籍订购数量所占的百分比。

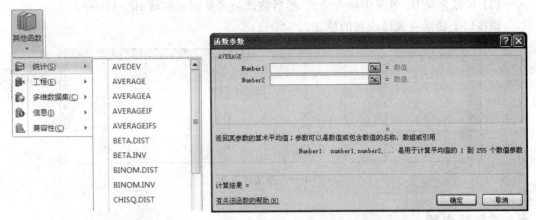

图 4-12 "其他函数"级联菜单   图 4-13 "函数参数"对话框

提示：

（1）先在 B7 单元格计算图书的订购数量总计。

（2）各书订购量所占百分比保存在区域 C2：C6 中，下面先为单元格 C2 设计公式。

百分比为每一本书的订购量除以订购总计，由于每一本书的订购量在区域 B2：B6 中，这是可变的，因此，分子部分应为相对引用，而订购总计的值则固定在 B7 单元，因此，公式的分母部分应为绝对引用，这样，应向单元格 C2 中输入公式"＝B2／＄B＄7％"，公式最后的符号"％"表示结果按百分数显示。

（3）将公式复制到 C3、C4、C5 单元分格，别计算其他图书所占的百分比。计算后的结果见图 4-14(b)所示的工作表。

（4）将计算的各个百分比保留到小数点后两位。

	A	B	C
1	书名	订购总数	所占百分比
2	大学英语	614	
3	高等数学	660	
4	大学计算机	540	
5	哲学	620	
6	普通物理	540	
7	总计		

(a) 计算前

	A	B	C
1	书名	订购总数	所占百分比
2	大学英语	614	20.64559516
3	高等数学	660	22.19233356
4	大学计算机	540	18.15736382
5	哲学	620	20.84734364
6	普通物理	540	18.15736382
7	总计	2974	

(b) 计算后

图 4-14 计算各种图书订购比例

5. 混合引用的使用

下面使用混合引用和公式复制的方法，创建如图 4-15 所示的乘法口诀表。

提示：

（1）区域 B1：J1 和区域 A2：A10 可以使用等差数列的输入方法。

（2）区域 B2：J10 中的每个单元格都是由第一行和第一列的数据相乘得到的，其中第一行数据所在的行不变而列在变化，第一列数据所在的列不变而行在变化，因此，计算乘积的公式中应该使用混合引用，使用的公式为"＝B＄1＊＄A2"。

（3）可以先向 B2 单元中输入公式，然后将该公式复制到区域 B2：J10 中。

请按以上提示完成口诀表的建立。

	A	B	C	D	E	F	G	H	I	J
1		1	2	3	4	5	6	7	8	9
2	1	1	2	3	4	5	6	7	8	9
3	2	2	4	6	8	10	12	14	16	18
4	3	3	6	9	12	15	18	21	24	27
5	4	4	8	12	16	20	24	28	32	36
6	5	5	10	15	20	25	30	35	40	45
7	6	6	12	18	24	30	36	42	48	54
8	7	7	14	21	28	35	42	49	56	63
9	8	8	16	24	32	40	48	56	64	72
10	9	9	18	27	36	45	54	63	72	81

图 4-15　乘法口诀表

六、实验思考题

（1）除了实习中使用的平均值函数 AVERAGE，列举一些其他的统计函数。

（2）Excel 2010 中提供的函数有几类？其中"文本"类和"日期和时间"类函数都有什么作用？

（3）公式中单元格的 3 种引用方式分别用在什么场合？

4.3　数　据　处　理

一、实验目的

（1）掌握工作表中记录排序的方法。

（2）熟悉工作表中筛选记录的方法。

（3）掌握分类汇总的统计方法。

（4）熟悉数据透视表的使用。

（5）掌握 Excel 中图表的建立方法。

二、实验条件和环境

在 Microsoft Excel 2010 环境下进行操作。

三、实验任务和要求

本实验使用实验 4.1 创建的工作簿"学生成绩.xlsx"。

（1）对已创建的工作表按不同字段进行排序。

① 将所有的记录按"总评"成绩降序排序。

② 按"平时"成绩进行升序排序，对"平时"成绩相同的记录再按期末成绩的降序排列。

（2）对数据表进行下列 4 个要求的筛选操作。

① 筛选平时成绩是 78 分的记录。

② 平时成绩不是 78 分的记录（排除筛选）。

③ 总评成绩大于 90 分的记录。

④ 总评成绩最高的前 3 条记录。

（3）对学生成绩表分别计算男生、女生的平时、期末成绩的平均值。

（4）对学生成绩表以性别、班级作为分类字段，分别汇总平时、期末的平均值，即创建数据透视表。

（5）使用学生成绩表的数据制作图表。

四、预习准备

Excel 的数据处理包括记录排序、筛选、分类汇总等，通常工作表中数据的组织方式与二维表相似，即一个表由若干行和若干列构成，表中第一行是每一列的标题，从第二行开始是具体的数据，这个表中的列相当于数据库中的字段，列标题是字段名称，每一行数据称为一条记录，例如，学习成绩表、订购记录表、工资表等都是这样的组织形式。

1. 排序

排序是指按指定的字段值重新调整记录的顺序，这个指定的字段称为排序关键字，排序时可以按从高到低的顺序称为降序或递减，也可以按从低到高的顺序称为升序或递增。

排序时，在"开始"选项卡中，单击"编辑"组中"排序和筛选"按钮的下拉箭头，执行其中的"自定义排序"命令，打开"排序"对话框，在对话框中进行排序的设置。

2. 筛选

筛选记录是指集中显示满足条件的记录，而将不满足条件的记录暂时隐藏起来，方法是：在"开始"选项卡中，执行"编辑"分组中的"排序和筛选"→"筛选"命令，这时，工作表中每个字段名的右侧多了一个下拉箭头，单击该箭头，可以在下拉菜单中的"数字筛选"或"文本筛选"等命令的下级菜单中进行，可以按固定值筛选、按固定值排除筛选和自定义条件筛选等。

3. 分类汇总

如果数据表中有一个可以对记录进行分类的字段，例如"性别"，要分别计算男生和女生的数学、物理成绩总和、平均等，就要用到分类汇总的方法，其中"性别"字段称为分类字段，数学、物理等字段称为汇总项，而求和、平均则称为汇总方式。

在进行分类汇总之前，要先将数据表中的记录按分类字段进行排序。

选择"数据"选项卡，在"分级显示"分组中单击"分类汇总"按钮，出现"分类汇总"对话框，在对话框中设置分类字段、汇总方式和汇总项。

4. 数据透视表

分类汇总适合于按一个字段进行分类，如果要同时按两个或三个字段进行分类汇总，就只能使用数据透视表。

在"插入"选项卡的"表格"分组中单击执行"数据透视表"→"数据透视表"命令,打开"创建数据透视表"对话框,在对话框中进行设置。

5. 图表

图表是工作表中数据图形化的表示方式,使数据更加直观,Excel 的图表类型有包括二维和三维图表在内的十多类,例如柱形图、折线图,每一类又有若干个子类型。

在功能区的"插入"选项卡中,"图表"分组包括了与各种不同的类型图表对应的图标,单击每个图标,在其下拉菜单中可以选择不同的子类型。

五、实验步骤和操作指导

1. 按单一关键字排序

先按总评成绩的降序排序,操作前先将原始的成绩复制一份到 Sheet2 工作表,然后使用 Sheet2 工作表中的数据。

(1) 打开工作簿"学生成绩. xlsx"。

(2) 将 A1:E10 区域的数据复制到 Sheet2 工作表的 A1 单元格开始处。

(3) 选择 Sheet2 工作表的 A2:E10 单元格区域。

(4) 在"开始"选项卡中,单击"编辑"分组中"排序和筛选"按钮的下拉箭头,执行其中的"自定义排序"命令,打开"排序"对话框,如图 4-16 所示。

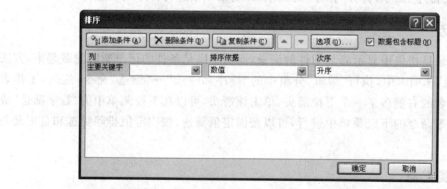

图 4-16 "排序"对话框

(5) 在对话框中:
- 在"主要关键字"下拉列表框中选择"总评"。
- 在"次序"下拉列表框中选择"降序"。
- 选择对话框右上方"数据包含标题"复选框。

(6) 单击"确定"按钮,排序后的结果如图 4-17 所示,这时,所有的记录已经按总评成绩由高到低的顺序排列。

2. 按多关键字排序

将 Sheet2 工作表中的记录按"平时"成绩进行升序排序,对"平时"成绩相同的记录,再按"期末"成绩的降序排列。

(1) 选择 A2:E10 单元格区域。

(2) 打开"排序"对话框。

(3) 在该对话框中,进行以下操作:

- 在"主要关键字"下拉列表框中选择"平时"。
- 在"次序"下拉列表框中选择"升序"。
- 选择对话框右上方"数据包含标题"复选框。

(4) 单击"添加条件"按钮,对话框中多出一行,用来设置次要关键字。

- 在"次要关键字"下拉列表框中选择"期末"。
- 在"次序"下拉列表框中选择"降序"。

(5) 单击"确定"按钮,排序后的结果如图 4-18 所示,这时,所有的记录按"平时"成绩升序排列,而两个平时成绩相同的记录则按期末成绩的降序排列。

(6) 重新按学号升序排序,恢复原来的顺序。

	A	B	C	D	E
1	计算机信息01班《大学计算机》成绩表				
2	学号	姓名	平时	期末	总评
3	20100106	胡达	95	92	93.5
4	20100101	李红军	96	90	93
5	20100102	王清	78	87	82.5
6	20100103	胡青青	70	95	82.5
7	20100107	方明	78	86	82
8	20100107	王五一	80	82	81
9	20100105	陈中	89	50	69.5
10	20100104	张芳芳	56	78	67

图 4-17　按"总评"排序的结果

	A	B	C	D	E
1	计算机信息01班《大学计算机》成绩表				
2	学号	姓名	平时	期末	总评
3	20100104	张芳芳	56	78	67
4	20100103	胡青青	70	95	82.5
5	20100102	王清	78	87	82.5
6	20100108	方明	78	86	82
7	20100107	王五一	80	82	81
8	20100105	陈中	89	50	69.5
9	20100106	胡达	95	92	93.5
10	20100101	李红军	96	90	93

图 4-18　多字段排序的结果

提示:在功能区"数据"选项卡的"排序和筛选"分组中,也有用于排序的按钮。

3. 数据筛选

(1) 筛选平时成绩是 78 分的记录。

① 单击 A2:E10 之间的任意单元格。

② 在"开始"选项卡中,单击"编辑"分组中的"排序和筛选"→"筛选"命令,这时每个字段名的右边出现了向下的箭头,如图 4-19 所示。

③ 单击"平时"字段的下拉箭头,打开"筛选"菜单,其中的"数字筛选"菜单如图 4-20 所示。

④ 在"筛选"菜单中,单击取消"(全选)"复选框,然后单击选中 78 前面的复选框,单击"确定"按钮,这时,筛选的结果如图 4-21 所示。

	A	B	C	D	E
1	计算机信息01班《大学计算机》成绩表				
2	学号 ▼	姓名 ▼	平时 ▼	期末 ▼	总评 ▼
3	20100101	李红军	96	90	93
4	20100102	王清	78	87	82.5
5	20100103	胡青青	70	95	82.5
6	20100104	张芳芳	56	78	67
7	20100105	陈中	89	50	69.5
8	20100106	胡达	95	92	93.5
9	20100107	王五一	80	82	81
10	20100108	方明	78	86	82

图 4-19　"自动筛选"箭头

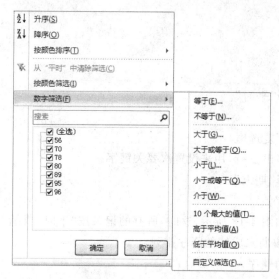

图 4-20 "数字筛选"级联菜单

图 4-21 筛选结果

可以注意到筛选结果中的行号是不连续的,这是因为,筛选操作只显示符合条件的记录,不符合条件的记录被隐藏起来了。

⑤ 在"筛选"菜单中,单击选中"(全选)"复选框,恢复显示原来的所有记录。

(2)进行排除筛选,筛选出平时成绩不是 78 分的记录。

① 单击"平时"字段的下拉箭头,打开"筛选"菜单。

② 在"筛选"菜单中,单击取消选中 78 的复选框,然后单击"确定"按钮,这里显示出 78 分之外的记录。

③ 恢复显示原来的所有记录。

(3)筛选"总评"成绩大于 90 分的记录。

① 单击"总评"字段的下拉箭头,打开"筛选"菜单。

② 在"筛选"菜单中,执行"数字筛选"→"大于"命令,打开"自定义自动筛选方式"对话框,如图 4-22 所示。

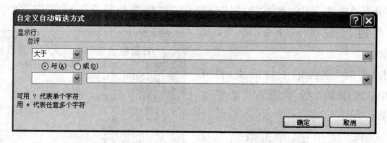

图 4-22 "自定义自动筛选方式"对话框

③ 在对话框的"总评"下拉列表框中选择"大于"。

④ 在其右边的下拉列表框中输入"90"。

⑤ 单击"确定"按钮,屏幕上显示的都是"总评"大于 90 分的记录,如图 4-23 所示。

⑥ 恢复显示原来的所有记录。

（4）筛选"总评"成绩最高的前 3 条记录。

① 单击"总评"字段的下拉箭头，打开"筛选"菜单。

② 执行"筛选"→"数字筛选"→"10 个最大的值"命令，打开"自动筛选前 10 个"对话框，如图 4-24 所示。

图 4-23　总评大于 90 分记录筛选结果

图 4-24　"自动筛选前 10 个"对话框

③ 在对话框中：

• 在第一个下拉列表框中选择"最大"。

• 在中间的数值框中设置 3。

• 在最右边的下拉列表框中选择"项"。

④ 单击"确定"按钮，屏幕上显示"总评"最高的前 3 条记录。

⑤ 恢复筛选操作之前的所有记录的状态（提示：选择"排序和筛选"→"筛选"命令）。

4. 分类汇总

对学生成绩表分别计算男生、女生的平时、期末成绩的平均值，操作过程如下：

（1）向 Sheet3 工作表中输入如图 4-25 所示的数据。

（2）将该工作表中的所有记录按分类字段"性别"进行排序。

（3）选择"数据"选项卡，在"分级显示"分组中单击"分类汇总"按钮，出现"分类汇总"对话框，如图 4-26 所示。

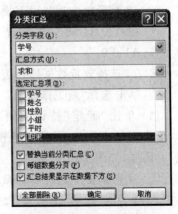

	A	B	C	D	E	F
1	学号	姓名	性别	小组	平时	期末
2	20100101	李红军	男	A	96	90
3	20100102	王清	女	A	78	87
4	20100103	胡青青	男	A	70	95
5	20100104	张芳芳	女	A	56	78
6	20100105	陈中	女	B	89	50
7	20100106	胡达	男	B	95	92
8	20100107	王五一	女	B	80	82
9	20100108	方明	男	B	78	86

图 4-25　工作表数据　　　　　图 4-26　"分类汇总"对话框

（4）在对话框中完成以下分类汇总的设置：

• 单击"分类字段"下拉箭头，在列表框中选择"性别"。

- 在"汇总方式"列表框中选择"平均值"。
- 在"选定汇总项"中选择"平时""期末"。

（5）单击"确定"按钮，完成分类汇总的设置，工作表中显示汇总后的结果，如图 4-27 所示。

1 2 3		A	B	C	D	E	F
	1	学号	姓名	性别	小组	平时	期末
	2	20100101	李红军	男	A	96	90
	3	20100103	胡青青	男	A	70	95
	4	20100106	胡达	男	A	95	92
	5	20100108	方明	男	B	78	86
	6			男 平均值		84.75	90.75
	7	20100102	王清	女	A	78	87
	8	20100104	张芳芳	女	A	56	78
	9	20100105	陈中	女	B	89	50
	10	20100107	王五一	女	B	80	82
	11			女 平均值		75.75	74.25
	12			总计平均值		80.25	82.5

图 4-27　分类汇总的结果

（6）打开"分类汇总"对话框，在对话框中选择"全部删除"按钮，可以取消分类汇总，恢复原来的数据。

5. 数据透视表

创建数据透视表，对学生成绩表以性别、小组作为分类字段，分别汇总平时、期末的平均值，该操作与分类汇总使用相同的数据，操作过程如下：

（1）单击数据列表的任一单元格。

（2）在"插入"选项卡的"表格"分组中执行"数据透视表"→"数据透视表"命令，打开"创建数据透视表"对话框，如图 4-28 所示。

（3）在对话框中进行以下操作：

- 在"表/区域"中设置数据区域 A1:F9。

- 在"选择放置数据透视表的位置"中单击选择"新工作表"。

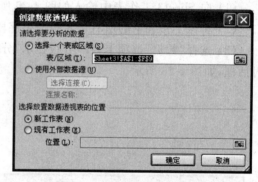

图 4-28　"创建数据透视表"对话框

（4）单击"确定"按钮关闭对话框，这时，工作表的右侧显示"数据透视表字段列表"对话框，如图 4-29 所示。

（5）在对话框中进行以下操作：

- 将字段"性别"拖动到"行标签"框中。

- 将字段"小组"拖动到"列标签"框中。

- 将字段"平时"拖动到"数值"框中，默认显示的是求和项，单击该字段右侧下拉箭头，执行快捷菜单中的"值字段设置"命令，打开"值字段设置"对话框，如图 4-30 所示。

大学计算机——计算、构造与设计实验指导

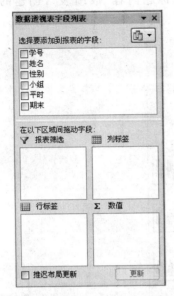

图 4-29 "数据透视表字段列表"对话框

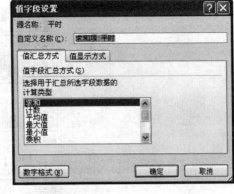

图 4-30 "值字段设置"对话框

- 在"值字段设置"对话框中,选择"计算类型"列表框中的"平均值",然后单击"确定"按钮,关闭"值字段设置"对话框。
- 将字段"期末"拖动到"数值"框中,默认显示的是求和项,用上面同样的方法选择"计算类型"为"平均值"。

在操作中,可以看到,随着每一项的选择,工作表的左侧都会同步显示每一步的结果,最后完成的结果如图 4-31 所示。

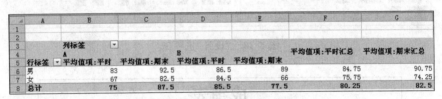

图 4-31 数据透视表的结果

(7) 关闭已打开的对话框。

6. 建立图表

(1) 在 Sheet1 工作表中,选择 B2:D10 区域。

(2) 选择"插入"选项卡,该选项卡中有 6 个分组,单击其中"图表"分组中的"柱形图"按钮,在下拉列表框中显示了各种不同的柱形类型,如图 4-32 所示。

(3) 在类型列表框中选择第一个"二维柱形图",这时,在功能区显示"设计"选项卡,如图 4-33 所示,选项卡中显示了多个关于图表设计的分组,例如"类型""数据""图表布局""图表样式"和"位置"。

(4) 选择"图表布局"分组中的第一个。

（5）在创建的图表中，双击"图表标题"，输入标题内容"成绩表"，创建的图表如图 4-34 所示。

图 4-32　不同类型的柱形图

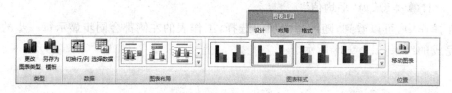

图 4-33　"设计"选项卡

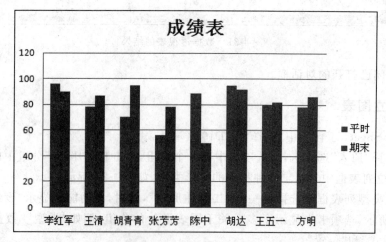

图 4-34　创建后的图表

六、实验思考题

（1）在进行自动筛选时，单击字段名右侧的下拉箭头，在下拉列表框中显示了不同的筛选方法，请对这些方法进行总结。

（2）在进行分类汇总之前要对记录进行什么操作？

（3）说明在工作表中对数据排序的基本过程。

（4）说明创建数据透视表的过程。

4.4 综合实验

本实验只给出了实验要求，具体的操作步骤可以参考前面的各个实验。

1. 创建工作表

向工作表中输入如图 4-35 所示的数据。

	A	B	C	D	E
1	学号	姓名	数学	物理	化学
2	2012003001	张华	89	99	98
3	2012003002	李平	89	65	76
4	2012003003	张强	77	77	87
5	2012003004	周丽	56	87	76
6	2012003005	李丽红	89	79	99
7	2012003006	李兰	91	67	56
8	2012003007	吴化	77	54	89
9	2012003008	周庆	96	93	93
10	2012003009	王木森	89	76	67
11	2012003010	李清	99	93	93

图 4-35　综合实验的数据

2. 数据计算及处理

（1）在 F1 单元输入"平均"，并计算每个人的平均分数，结果放在 F2：F11 中。

（2）对记录进行筛选，将平均分数小于 80 分的记录筛选出来，复制到 Sheet2 表中。

（3）将数据表按平均成绩降序重新排列。

（4）在"学号"一栏前插入一个空白列，表头输入"名次"，以下各单元内分别输入 1～10。

3. 设置格式

（1）将平均一栏设置为小数点后带两位小数。

（2）将数据表中成绩小于 60 分的值用红色显示。

（3）所有单元格设置为居中对齐。

（4）表头各单元格设置字号为 14 磅、黑体。

4. 建立图表

(1) 数据：姓名、数学、物理、化学。

(2) 图表类型：簇状柱形图。

(3) 分类轴：姓名。

(4) 图表标题：期末成绩表。

(5) 数值轴标题：分数。

(6) 分类轴标题：姓名。

(7) 图例放在图表右侧。

第 **5** 章 逻辑电路仿真设计

5.1 硬件仿真软件使用

一、实验目的

掌握硬件仿真软件的使用方法。

二、实验条件和环境

微型计算机,Windows 操作系统,tecs-software-suite-2.5 软件。

三、实验任务和要求

实现异或门。

四、实验步骤和操作指导

1. 有关硬件仿真软件

本章的微机组成实验采用了以色列科学家 Noam Nisan 等人开发的开源软件包 tecs-software-suite-2.5,该软件包用 Java 语言编写,最新版为 2.5,文件约有 600KB,可以在 Windows、UNIX 和 Mac OS 等操作系统中运行。

tecs-software-suite-2.5 软件包中的硬件仿真器可以根据 HDL(硬件描述语言)的描述在内存中构造芯片的内存映像,利用由不同测试场景构成的测试脚本对芯片进行仿真,最后通过输出文件与比较文件的对比结果以验证芯片设计的正确性。

2. 有关 HDL

硬件描述语言(Hardware Description language,HDL)是一种用于定义和测试芯片的规范:芯片的接口是由负责传输布尔信号的输入以及输出引脚构成的,而芯片的主体则是由互联的底层芯片组成的。

虽然从不同角度考虑,如效率、速度、成本等,芯片的物理结构可以多种多样,但通常在设计芯片时普遍遵循的原则应该是：用尽可能少的门电路实现尽可能多的功能。

图 5-1 表示一位异或门的逻辑结构，由于 $a \oplus b = (a \wedge \bar{b}) \vee (\bar{a} \wedge b)$，则该异或门可以用 2 个非门、2 个与门和 1 个或门实现，该异或门也可以用下面的 Xor.hdl 文件进行描述。

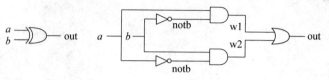

图 5-1　一位异或门的逻辑结构

```
CHIP Xor {        //芯片名称
    IN a, b;      //a、b 是异或门的输入引脚
    OUT out;      //out 是异或门的输出引脚
PARTS:
    Not(in=a,out=nota);        //非门的输入引脚 in 连接 a，输出引脚 out 连接 nota
    Not(in=b,out=notb);        //非门的输入引脚 in 连接 b，输出引脚 out 连接 notb
    And(a=a,b=notb,out=w1);    //与门的输入引脚 a、b 分别连接 a 和 notb，输出引脚 out 连接 w1
    And(a=nota,b=b,out=w2);    //与门的输入引脚 a、b 分别连接 nota 和 b，输出引脚 out 连接 w2
    Or(a=w1,b=w2,out=out);     //或门的输入引脚 a、b 分别连接 w1 和 w2，输出引脚 out 连接 out
}
```

对于上述 HDL 文件，需要说明的是：

（1）Xor 定义在以 .hdl 为后缀的文本文件中。芯片的定义由描述头（header）和描述体（parts）组成。描述头作为芯片的 API，定义了芯片的接口，包括芯片的名称、输入输出引脚的名称，芯片和引脚的名称可以是由任意字母和数字组成的序列，但不能以数字开头，通常芯片的名称以大写字母开头，引脚以小写字母开头。描述体描述了所有底层芯片的名称和物理结构，每条语句描述了芯片的名称以及与其他芯片的连接方式。

（2）本例中的 nota、notb、w1 和 w2 是内部引脚，用于将一个芯片的输出引脚连接到其他芯片的输入引脚上。每个内部引脚只能作为一个芯片的输出引脚，但可以作为多个芯片的输入引脚。

（3）芯片引脚的信号源可以是芯片的引脚或者内部引脚，如 Not 芯片的输入信号源是 Xor 芯片的输入引脚，Not 芯片的输出信号源是内部引脚 nota。注意：每个输入引脚只能有一个信号源，如 And(a=a,a=b,…) 就是一条错误的语句。

（4）引脚的默认数据宽度为 1b，如 a、b 和 out 的数据宽度均为 1b。

（5）通常选择仿真器中的 load file 菜单命令或者单击快捷按钮 ■ 可以打开一个已经设计好的 HDL 文件，例如通过该方式可以在仿真器中打开 Xor.hdl。如果本例中 And、Or 和 Not 等芯片是自己用 HDL 文件设计的，则在加载 Xor.hdl 时，这些 HDL 文件也应该加载到仿真器中，最简单的方法是将这些芯片的 HDL 文件与 Xor.hdl 放在同一目录中。

（6）如果在本例中想使用系统提供的 And、Or 和 Not 等芯片，只要在存放 Xor.hdl 的目录中不包含这些芯片的 HDL 文件，系统就会自动调用 builtInChips 目录中各芯片的内置版本，内置版本的接口可以通过查看该模块的 HDL 文件了解，其功能已经用 Java 语言实现，实现细节已被 HDL 接口屏蔽。如本例中 And 和 Or 模块的内置版本定义的输入引脚是 a 和 b，输出引脚是 out；Not 内置版本定义的输入引脚是 in，输出引脚是 out。

（7）芯片的内置版本不仅可以用于构建其他芯片，还可以减少芯片开发复杂性，加快仿真速度。开发复杂芯片时，为了使设计者专注于构建和测试芯片的逻辑功能，无须考虑底层芯片的实现细节，使用底层芯片的内置版本可以提高芯片设计的准确性。由于芯片内置版本的速度和内存方面比自己设计的芯片占有优势，因此使用内置版本还可以加快仿真速度。此外，由于内置版本的芯片都具有 GUI 功能，因此当这些芯片加载到硬件仿真器时，可以图形化方式显示芯片的内容和变化，如内存单元的存储内容等。

3．有关测试脚本

硬件仿真器使用脚本语言编写的测试脚本测试芯片的功能。测试脚本中说明了所要加载的 HDL 文件、输出信息以及一系列的测试场景。每个测试场景都是一组输入值的组合，硬件仿真器会自动计算出相应的测试结果，并将该结果记录到指定的输出文件中。对于一些简单的门电路，可以用穷举法列出所有可能的输入组合；对于较复杂的芯片，可以使用一些有代表性的输入组合。

选择仿真器中的 Load Script 菜单命令或者单击快捷按钮 可以打开一个已经设计好的测试脚本。图 5-2 是一位异或门的测试脚本 Xor.tst，该脚本与 Xor.hdl、Xor.out 和 Xor.cmp 等文件存放在同一目录中。

头部	load Xor.hdl,
	output-file Xor.out,
	compare-to Xor.cmp,
	output-list a%B3.1.3 b%B3.1.3 out%B3.1.3;
		//将 Xor.hdl 加载到硬件仿真器中
		//将仿真结果输出到文件 Xor.out 中
		//对仿真结果与比较文件 Xor.cmp 进行比较
		//设置测试结果的输出格式		

	场景 1	场景 2	场景 3	场景 4
场景	set a 0,//将 a 设置为 0 set b 0,//将 b 设置为 0 eval, //仿真 output;//输出	set a 0, //将 a 设置为 0 set b 1,//将 b 设置为 1 eval, //仿真 output; //输出	set a 1, //将 a 设置为 1 set b 0, //将 b 设置为 0 eval, //仿真 output; //输出	set a 1, //将 a 设置为 1 set b 1, //将 b 设置为 1 eval, //仿真 output; //输出

图 5-2　Xor.tst 脚本

对于上述脚本文件，需要说明的是：

（1）脚本命令可以分为两种，其中设置命令用于加载文件以及对模拟过程初始化，如图 5-2 中头部出现的各种命令；模拟命令用于说明测试场景的测试步骤，如图 5-2 中场景部分出现的各种命令。

（2）脚本命令以"，"或者"；"结尾，其中"，"表示结束一条命令，"；"表示结束一条命令和一个模拟步骤（由一条或者多条命令组成）。

（3）output-list 命令对于每个输出变量的格式规定如下：padL. len. padR，其中 padL 和 padR 分别表示输出变量左边和右边的空格数，len 表示输出变量的列宽，此外，也可以在该格式前加入%X、%B 和%D 等前缀，分别表示十六进制、二进制和十进制数，如 output-list a%B3.1.3 表示输出结果为" a "且 a 用二进制数表示。如果用%S 作为前缀，表示数据的类型是字符，字符的内容必须包含在双引号中。

（4）set 命令可以给变量赋值，如引脚等，参与赋值操作的数值应该与变量的数据宽度保持一致，如 set a 0 表示将引脚 a 设置为 0，由于 a 能够表示 1 位二进制数，因此该赋值正确。

（5）eval 命令将指示仿真器应用所构建的芯片对当前输入引脚的数值进行计算。

（6）out 命令将获取 output-list 命令列出的所有变量值并按照格式要求在输出文件中输出一行。如果输出行与比较文件不一致，将显示错误信息并停止脚本执行。

a	b	out
0	0	0
0	1	1
1	0	1
1	1	0

图 5-3　Xor. out

4. 有关比较文件

比较文件是用测试脚本对 HDL 文件进行测试时应该输出的正确信息。图 5-3 是用测试脚本 Xor. tst 对 Xor. hdl 进行仿真时生成的输出文件 Xor. out，如果它与比较文件 Xor. cmp 中的信息一致，则说明所设计的异或门符合要求。

5. 启动硬件仿真软件

将 tecs-software-suite-2.5 软件包解压后，双击 HardWareSimulator. bat 即可打开硬件仿真器。如果系统没有安装 Java 运行环境（JRE），用户还需要安装 JRE，JRE 可以自由下载，但要保证操作系统的 PATH 变量中必须包含 JDK 的安装路径。提示：选择"控制面板"→"系统"→"高级系统设置"。在"系统属性"的"高级"选项页中，单击"环境变量"按钮，在"系统变量"中选择 path，单击"编辑"按钮，将 JDK 的安装路径加入到"变量值"内容的最后。

6. 仿真实现

硬件仿真器的界面如图 5-4 所示，由菜单栏、快捷工具栏、输入引脚区、输出引脚区、HDL 区、内部引脚区、测试脚本区等构成。

- 菜单栏：主要由 File、View 和 Run 等子菜单构成，其中 File 菜单用于加载芯片和脚本；View 菜单可以设置执行方式、显示和数字的格式；Run 菜单用于设置测试脚本运行的方式。
- 快捷工具栏：位于菜单栏下方，从左至右的快捷按钮依次表示加载芯片、单步执行、执行、停止、重置、重新计算、定时器、加载脚本、打开断点模板、设置速度、执行方式、设置表示方式和显示方式。
- 输入引脚区：用于设置输入引脚的名字和数值。
- 输出引脚区：显示输出引脚的名字和数值。

- HDL 区：显示 HDL 描述的芯片逻辑。
- 内部引脚区：显示芯片内部引脚的名字和数值。
- 测试脚本区：用于实时显示脚本的执行过程。

在硬件仿真器中，选择 Load Chip 菜单命令或者单击快捷按钮打开所选择的 HDL 文件，图 5-4 是打开 Xor.hdl 后的状态。单击 HDL 区中文件的 PARTS 时，可以查看描述体中用到的所有模块的属性信息，如芯片名称、类型、是否是时序芯片等。如果单击 HDL 区中 PARTS 中的模块，还可以查看该模块的引脚及其取值。如果单击 Input pins 中的引脚，可以更改其值，单击 Eval 图形按钮，可以在 Output pins 中查看输出引脚值的变化。

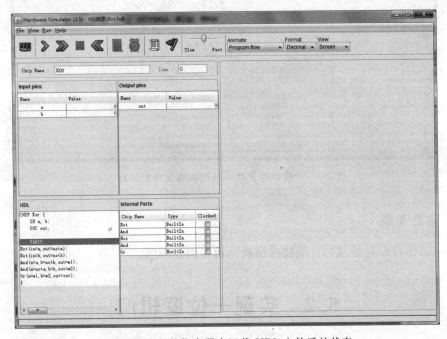

图 5-4　在硬件仿真器中记载 HDL 文件后的状态

在硬件仿真器中选择 Load Script 菜单命令或者单击快捷按钮打开所选择的脚本文件，图 5-5 是打开 Xor.tst 后的状态。按 F5 键或者单击 (Run)按钮，将按照测试脚本中的场景验证芯片设计是否正确。如果测试通过，会在状态栏中显示"End of script-comparison ended successful"信息；如果测试未通过，可以单击 (Reset)按钮后，再单击 (Single Step)按钮单步跟踪仿真过程，定位出错的场景，以便修改 HDL 文件。如果在 View 下拉框中选择 Output，还可以查看测试过程中生成的输出文件。

五、实验报告要求

（1）将实验仿真运行结果截图粘贴到实验报告中，并分析测试脚本的含义。

（2）写出实验过程中遇到的问题及原因。

（3）本次实验过程中最大的体会是什么？学会了哪些技能？

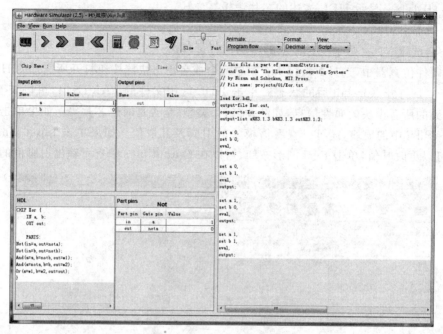

图 5-5　在硬件仿真器中加载脚本文件后的状态

六、实验思考题

还可以怎样设计异或芯片的物理结构？请画出原理图。

5.2　实现一位逻辑门

一、实验目的

（1）理解逻辑运算。

（2）掌握构建一位非门、与门、或门、复用器和选择器的方法。

二、实验条件和环境

微型计算机，Windows 操作系统，tecs-software-suite-2.5 软件。

三、实验任务和要求

（1）实现一位非门。

（2）实现一位与门。

（3）实现一位或门。

（4）实现一位多路复用器。

（5）实现一位多路选择器。

四、实验步骤和操作指导

1. 一位逻辑门的实现原理

计算机的底层物理结构是由一组基本的逻辑门构成的,本节所有实验都建立在与非门基础之上,在 HDL 文件中可以直接使用与非门,仿真器会自动调用与非门的实现文件。与非门 Nand 的输入引脚是 a 和 b,输出引脚是 out,输入和输出之间的关系为:if(a==1 and b==1)set out=0 else set out=1。

无论布尔函数多么复杂,都可以使用与、或、非 3 种基本运算实现,而实现这 3 种逻辑运算的逻辑门又可以使用与非门实现,例如非运算 $\bar{a} = \overline{a \wedge a}$,与运算 $a \wedge b = \overline{\overline{a \wedge b}} = \overline{\overline{a \wedge b} \wedge \overline{a \wedge b}}$,或运算 $a \vee b = \overline{\overline{a \vee b}} = \overline{\bar{a} \wedge \bar{b}} = \overline{\overline{a \wedge a} \wedge \overline{b \wedge b}}$。一位非门、与门和或门的结构如图 5-6 所示,其中非门输入和输出之间的关系为:out = not in;与门输入与输出之间的关系为:if(a == 1 and b == 1)set out = 1 else set out = 0;或门输入与输出之间的关系为:if(a == 1 or b == 1)set out = 1 else set out = 0。它们分别可以用 1 个、3 个、3 个与非门实现。

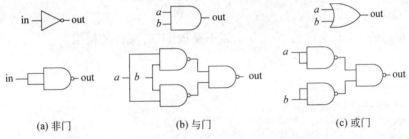

(a) 非门　　　　　　　　(b) 与门　　　　　　　　(c) 或门

图 5-6　非门、与门、或门的逻辑结构和物理结构

另一种常用的组合逻辑门是复用器,它主要用于分时传递数据,由选择信号确定由哪一个支路输出。一位复用器的结构如图 5-7 所示,输入与输出之间的关系为:if(sel == 0)set out = a;else set out = b,即当选择信号 sel 为 0 时,确定输出由输入 a 确定,否则输出由输入 b 确定,可以用 1 个非门、2 个与门和 1 个或门实现其功能。

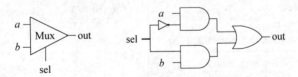

图 5-7　一位复用器逻辑结构和物理结构

选择器是另一种常用的组合逻辑门,但它与复用器的功能正好相反,由选择信号确定输入由哪一个支路输出。一位选择器的结构如图 5-8 所示,输入与输出之间的关系为:if(sel == 0)set {a, b} = {in, 0} else set {a, b} = {0, in},即当选择信号 sel 为 0 时,确定输入由 a 输出,否则输入由 b 输出,可以用 1 个非门和 2 个与门实现其功能。

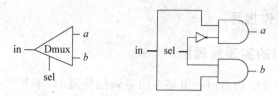

图 5-8　一位选择器的逻辑结构和物理结构

2. 一位逻辑门的仿真实现

按照实验所提供的 HDL 框架文件,在文本编辑器中完成逻辑门的设计。在硬件仿真器中,打开所设计的 HDL 文件(.hdl)和对应的测试脚本(.tst),并利用测试脚本验证芯片设计的正确性。建议将 HDL 文件、测试脚本和比较文件放在同一路径中。注意:在设计芯片时,如果要用到其他芯片,为了保证该芯片的正确性,建议使用这些芯片的内置版本,即在路径中仅包含当前所设计芯片的.hdl 文件。由于后面设计的芯片会用到前面设计的芯片,因此建议按照实验编排的顺序完成所有实验内容。注意:资源软件中包含了本章实验用到的所有 HDL 文件框架、测试脚本和比较文件。

1) 一位非门

一位非门的 HDL 文件为 Not.hdl,以下是该 HDL 文件的框架:

```
CHIP Not {
    IN in;
    OUT out;
    PARTS:
    // Put your code here:
}
```

一位非门的测试文件和比较文件如下所示:

<table>
<tr><td colspan="2" align="center">测试脚本 Not.tst</td><td align="center">比较文件 Not.cmp</td></tr>
<tr><td>头部</td><td>load Not.hdl,
output-file Not.out,
compare-to Not.cmp,
output-list in%B3.1.3 out%B3.1.3;</td><td>| in | out |
| 0 | 1 |
| 1 | 0 |</td></tr>
<tr><td>场景</td><td>set in 0,
eval,
output;   set in 1,
eval,
output;</td><td></td></tr>
</table>

2) 一位与门

一位与门的 HDL 文件为 And.hdl,以下是该 HDL 文件的框架:

```
CHIP And {
    IN a, b;
    OUT out;
```

```
    PARTS:
    // Put your code here:
}
```

一位与门的测试脚本和比较文件如下所示：

测试脚本 And. tst				比较文件 And. cmp

头部	`load And.hdl,`
	`output-file And.out,`
	`compare-to And.cmp,`
	`output-list a%B3.1.3 b%B3.1.3 out%B3.1.3;`
				`| a | b | out |`
				`| 0 | 0 | 0 |`
				`| 0 | 1 | 0 |`
				`| 1 | 0 | 0 |`
				`| 1 | 1 | 1 |`

场景	`set a 0,`
	`set b 0,`
	`eval,`
	`output;`
		`set a 0,`
		`set b 1,`
		`eval,`
		`output;`
			`set a 1,`
			`set b 0,`
			`eval,`
			`output;`
				`set a 1,`
				`set b 1,`
				`eval,`
				`output;`

3）一位或门

一位或门的 HDL 文件为 Or. hdl，以下是该 HDL 文件的框架：

```
CHIP Or {
    IN a, b;
    OUT out;
    PARTS:
    // Put your code here:
}
```

一位或门的测试脚本和比较文件如下所示：

测试脚本 Or. tst				比较文件 Or. cmp

头部	`load Or.hdl,`
	`output-file Or.out,`
	`compare-to Or.cmp,`
	`output-list a%B3.1.3 b%B3.1.3 out%B3.1.3;`
				`| a | b | out |`
				`| 0 | 0 | 0 |`
				`| 0 | 1 | 1 |`
				`| 1 | 0 | 1 |`
				`| 1 | 1 | 1 |`

场景	`set a 0,`
	`set b 0,`
	`eval,`
	`output;`
		`set a 0,`
		`set b 1,`
		`eval,`
		`output;`
			`set a 1,`
			`set b 0,`
			`eval,`
			`output;`
				`set a 1,`
				`set b 1,`
				`eval,`
				`output;`

4）多路复用器的 Mux. hdl

一位多路复用器的 HDL 文件为 Mux. hdl，以下是该 HDL 文件的框架：

```
CHIP Mux {
    IN a, b, sel;
    OUT out;
    PARTS:
    // Put your code here:
```

```
    }
```

一位多路复用器的测试脚本和比较文件如下所示：

<table>
<tr><th colspan="4" align="center">测试脚本 Mux. tst</th><th colspan="4" align="center">比较文件 Mux. cmp</th></tr>
<tr>
<td rowspan="2">头部</td>
<td colspan="3">

```
load Mux.hdl,
output-file Mux.out,
compare-to Mux.cmp,
output-list a%B3.1.3 b%B3.1.3 sel%B3.1.3 out%B3.
1.3;
```

</td>
<td colspan="4">

a	b	sel	out
0	0	0	0
0	0	1	0
0	1	0	0
0	1	1	1
1	0	0	1
1	0	1	0
1	1	0	1
1	1	1	1

</td>
</tr>
<tr>
<td rowspan="2">场景</td>
<td>

```
set a 0,
set b 0,
set sel 0,
eval,
output;
set sel 1,
eval,
output;
```

</td>
<td>

```
set a 0,
set b 1,
set sel 0,
eval,
output;
set sel 1,
eval,
output;
```

</td>
<td>

```
set a 1,
set b 0,
set sel 0,
eval,
output;
set sel 1,
eval,
output;
```

</td>
<td>

```
set a 1,
set b 1,
set sel 0,
eval,
output;
set sel 1,
eval,
output;
```

</td>
</tr>
</table>

5）多路选择器的 DMux. hdl

一位多路选择器的 HDL 文件为 DMux. hdl，以下是该 HDL 文件的框架：

```
CHIP DMux {
    IN in, sel;
    OUT a, b;
    PARTS:
    // Put your code here:
}
```

一位多路选择器的测试脚本和比较文件如下所示：

<table>
<tr><th colspan="4" align="center">测试脚本 Dmux. tst</th><th colspan="4" align="center">比较文件 Dmux. cmp</th></tr>
<tr>
<td rowspan="2">头部</td>
<td colspan="3">

```
load DMux.hdl,
output-file DMux.out,
compare-to DMux.cmp,
output-list in%B3.1.3 sel%B3.1.3 a%B3.1.3 b%B3.
1.3;
```

</td>
<td colspan="4">

in	sel	a	b
0	0	0	0
0	1	0	0
1	0	1	0
1	1	0	1

</td>
</tr>
<tr>
<td rowspan="2">场景</td>
<td>

```
set in 0,
set sel 0,
eval,
output;
```

</td>
<td>

```
set in 0,
set sel 1,
eval,
output;
```

</td>
<td>

```
set in 1,
set sel 0,
eval,
output;
```

</td>
<td>

```
set in 1,
set sel 1,
eval,
output;
```

</td>
</tr>
</table>

五、实验报告要求

（1）写出所设计的 HDL 文件，并说每条语句的含义。

（2）将实验仿真运行结果截图粘贴到实验报告中，并分析测试脚本的含义。

（3）写出实验过程中遇到的问题及原因。

（4）本次实验过程中最大的体会是什么？学会了哪些技能？

六、实验思考题

如果只使用或非门搭建与门、或门和非门，该如何设计各芯片的物理结构？

5.3　实现多位逻辑门

一、实验目的

（1）理解逻辑运算。

（2）掌握构建多位非门、与门、或门和复用器的方法。

二、实验条件和环境

微型计算机，Windows 操作系统，tecs-software-suite-2.5 软件。

三、实验任务和要求

（1）实现多位非门。

（2）实现多位与门。

（3）实现多位或门。

（4）实现多位复用器。

四、实验步骤和操作指导

1. 多位逻辑门的实现原理

本节实验内容都是针对 16 位输入和输出，在设计芯片时，可以使用前面已经设计好的芯片。在 HDL 中，引脚的默认数据宽度为 1b，但也可以表示多位数据总线，如语句 IN in[16] 就表示引脚 in 的数据宽度为 16，从 in[0] 到 in[15]。

对于多位逻辑门，由于输出数与输入所表示的二进制数的位数相同，因此可以使用与位数一样多的一位逻辑门，并使每一个逻辑门对应二进制数的每一位，例如 16 位非门 Not16 的结构如图 5-9 所示，输入与输出的数据宽度均为 16，因此可以用 16 个一位非门 Not，并使每个非门对应二进制数的每一位，输入与输出之间的关系可以表示为：for i = 0..15 out[i] = not in[i]。在 HDL 中，对于多位总线，可以使用编号指明具体的总线。如本例中，要将 Not16 的第 0 位的输入数据线 in[0] 接入第 1 个 Not 的输入引脚 in，可以在 Not 的描述中使用 in= in[0] 表示这种连接关系。

16 位与门的结构如图 5-10 所示，输入分为 a 和 b 两组，每组表示一个 16 位的二进制数，可以用 16 个一位与门实现，输入与输出的关系为：for i = 0..15 out[i] = (a[i] and b[i])。

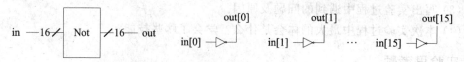

图 5-9　16 位非门的逻辑结构和物理结构

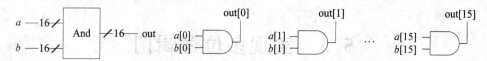

图 5-10　16 位与门的逻辑结构和物理结构

16 位或门的结构如图 5-11 所示,它与 16 位与门的输入输出相同,可以用 16 个一位或门实现,输入与输出的关系为:for i = 0..15:out[i] = (a[i] or b[i])。

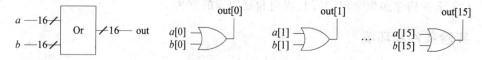

图 5-11　16 位或门的逻辑结构和物理结构

16 位复用器的结构如图 5-12 所示,它与 16 位与门的输入输出类似,可以用 16 个一位复用器实现,将选择信号串联,输入与输出的关系表示为:if(sel == 0) set for i = 0..15:out[i] = a[i];else set for i = 0..15:out[i] = b[i]。

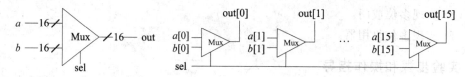

图 5-12　16 位复用器的逻辑结构和物理结构

2. 多位逻辑门的仿真实现

按照实验所提供的 HDL 框架文件,在文本编辑器中完成逻辑门的设计。在硬件仿真器中,打开所设计的 HDL 文件(.hdl)和对应的测试脚本(.tst),并利用测试脚本验证芯片设计的正确性。建议将 HDL 文件、测试脚本和比较文件放在同一路径中。注意:在设计芯片时,如果要用到其他芯片,为了保证该芯片的正确性,建议使用这些芯片的内置版本,即在路径中仅包含当前所设计芯片的.hdl 文件。由于后面设计的芯片会用到前面设计的芯片,因此建议按照实验编排的顺序完成所有实验内容。注意:资源软件中包含了本章实验用到的所有 HDL 文件框架、测试脚本和比较文件。

1)16 位非门

16 位非门的 HDL 文件为 Not16.hdl,以下是该 HDL 文件的框架:

```
CHIP Not16 {
    IN in[16];
```

```
    OUT out[16];
    PARTS:
    // Put your code here:
}
```

16 位非门的测试脚本和比较文件如下所示：

测试脚本 Not16. tst

头部	`load Not16.hdl,`
	`output-file Not16.out,`
	`compare-to Not16.cmp,`
	`output-list in%B1.16.1 out%B1.16.1;`		

场景	`set in %B0000000000000000,`
	`eval,`
	`output;`
		`set in %B1111111111111111,`
		`eval,`
		`output;`
			`set in %B1010101010101010,`
			`eval,`
			`output;`

	`set in %B0011110011000011,`
	`eval,`
	`output;`
		`set in %B0001001000110100,`
		`eval,`
		`output;`	

比较文件 Not16. cmp

```
|        in        |       out        |
| 0000000000000000 | 1111111111111111 |
| 1111111111111111 | 0000000000000000 |
| 1010101010101010 | 0101010101010101 |
| 0011110011000011 | 1100001100111100 |
| 0001001000110100 | 1110110111001011 |
```

2) 16 位与门

16 位与门的 HDL 文件为 And16.hdl，以下是该 HDL 文件的框架：

```
CHIP And16 {
    IN a[16], b[16];
    OUT out[16];
    PARTS:
    // Put your code here:
}
```

16 位与门的测试脚本和比较文件如下所示：

测试脚本 And16. tst

头部	`load And16.hdl,`
	`output-file And16.out,`
	`compare-to And16.cmp,`
	`output-list a%B1.16.1 b%B1.16.1 out%B1.16.1;`

场景	set a %B0000000000000000, set b %B0000000000000000, eval, output;	set a %B0000000000000000, set b %B1111111111111111, eval, output;	set a %B1111111111111111, set b %B1111111111111111, eval, output;
	set a %B1010101010101010, set b %B0101010101010101, eval, output;	set a %B0011110011000011, set b %B0000111111110000, eval, output;	set a %B0001001000110100, set b %B1001100001110110, eval, output;

比较文件 And16. cmp

```
|        a         |        b         |       out        |
| 0000000000000000 | 0000000000000000 | 0000000000000000 |
| 0000000000000000 | 1111111111111111 | 0000000000000000 |
| 1111111111111111 | 1111111111111111 | 1111111111111111 |
| 1010101010101010 | 0101010101010101 | 0000000000000000 |
| 0011110011000011 | 0000111111110000 | 0000110011000000 |
| 0001001000110100 | 1001100001110110 | 0001000000110100 |
```

3) 16 位或门

16 位或门的 HDL 文件为 Or16. hdl，以下是该 HDL 文件的框架：

```
CHIP Or16 {
    IN a[16], b[16];
    OUT out[16];
    PARTS:
    // Put your code here:
}
```

16 位或门的测试脚本和比较文件如下所示：

测试脚本 Or16. tst

头部	load Or16.hdl, output-file Or16.out, compare-to Or16.cmp, output-list a%B1.16.1 b%B1.16.1 out%B1.16.1;		
场景	set a %B0000000000000000, set b %B0000000000000000, eval, output;	set a %B0000000000000000, set b %B1111111111111111, eval, output;	set a %B1111111111111111, set b %B1111111111111111, eval, output;
	set a %B1010101010101010, set b %B0101010101010101, eval, output;	set a %B0011110011000011, set b %B0000111111110000, eval, output;	set a %B0001001000110100, set b %B1001100001110110, eval, output;

比较文件 Or16.cmp

a	b	out
0000000000000000	0000000000000000	0000000000000000
0000000000000000	1111111111111111	1111111111111111
1111111111111111	1111111111111111	1111111111111111
1010101010101010	0101010101010101	1111111111111111
0011110011000011	0000111111110000	0011111111110011
0001001000110100	1001100001110110	1001101001110110

4) 16 位复用器

16 位复用器的 HDL 文件为 Mux16.hdl,以下是该 HDL 文件的框架:

```
CHIP Mux16 {
    IN a[16], b[16], sel;
    OUT out[16];
    PARTS:
    // Put your code here:
}
```

16 位复用器的测试脚本和比较文件如下所示:

测试脚本 Mux16.tst

头部	load Mux16.hdl, output-file Mux16.out, compare-to Mux16.cmp, output-list a%B1.16.1 b%B1.16.1 sel%D2.1.2 out%B1.16.1;			
场景	set a 0, set b 0, set sel 0, eval, output; set sel 1, eval, output;	set a %B0000000000000000, set b %B0001001000110100, set sel 0, eval, output; set sel 1, eval, output;	set a %B1001100001110110, set b %B0000000000000000, set sel 0, eval, output; set sel 1, eval, output;	set a %B1010101010101010, set b %B0101010101010101, set sel 0, eval, output; set sel 1, eval, output;

比较文件 Mux16.cmp

a	b	sel	out
0000000000000000	0000000000000000	0	0000000000000000
0000000000000000	0000000000000000	1	0000000000000000
0000000000000000	0001001000110100	0	0000000000000000
0000000000000000	0001001000110100	1	0001001000110100
1001100001110110	0000000000000000	0	1001100001110110
1001100001110110	0000000000000000	1	0000000000000000
1010101010101010	0101010101010101	0	1010101010101010
1010101010101010	0101010101010101	1	0101010101010101

五、实验报告要求

（1）写出所设计的 HDL 文件，并说每条语句的含义。

（2）将实验仿真运行结果截图粘贴到实验报告中，并分析测试脚本的含义。

（3）写出实验过程中遇到的问题及原因。

（4）本次实验过程中最大的体会是什么？学会了哪些技能？

六、实验思考题

还可以怎样设计各芯片的物理结构？

5.4 实现多通道逻辑门

一、实验目的

（1）理解逻辑运算。

（2）掌握构建多通道或门、复用器和选择器的方法。

二、实验条件和环境

微型计算机，Windows 操作系统，tecs-software-suite-2.5 软件。

三、实验任务和要求

（1）实现多通道或门。

（2）实现多通道复用器。

（3）实现更多通道复用器。

（4）实现多通道选择器。

（5）实现更多通道选择器。

四、实验步骤和操作指导

1. 多通道逻辑门的实现原理

多通道逻辑门的设计较为复杂，例如 8 路或门的结构如图 5-13 所示，输入与输出之间的关系为：out = (in[0] or in[1] or in[2] or in[3] or in[4] or in[5] or in[6] or in[7])，可以用 7 个一位或门进行级联实现其功能。

4 路 16 位复用器 Mux4Way16 的结构如图 5-14 所示，需要 2 个选择位，输入与输出之间的关系为

```
if (sel ==00) set out =a
if (sel ==01) set out =b
if (sel ==10) set out =c
```

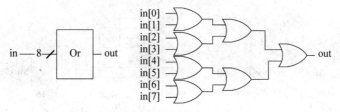

图 5-13　8 路或门的逻辑结构和物理结构

```
if (sel ==11) set out =d
```

可以用 3 个 2 路 16 位复用器 Mux16 实现其功能。在 HDL 中,当两个需要连接的引脚的位数相同时,两个引脚都不使用编号。如本例中,要将 Mux4Way16 的 16 位输入引脚 *a* 接入 Mux16 的 16 位输入引脚 *a*,可以在 Mux16 的描述中使用 a ＝ a 表示这种连接关系。当多位总线引脚与内部引脚连接时,内部引脚也不使用编号。如本例中,要将 Mux16 的输出引脚 out 接入内部引脚 w1,可以在 Mux16 的描述中使用"out ＝ w1"表示这种连接关系,此时 w1 的总线宽度与引脚 out 相同,均为 16b。

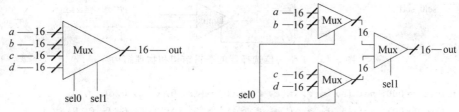

图 5-14　4 路 16 位复用器的逻辑结构和物理结构

8 路 16 位复用器的结构如图 5-15 所示,需要 3 个选择位,输入与输出之间的关系为

```
if (sel ==000) set out =a
if (sel ==001) set out =b
if (sel ==010) set out =c
if (sel ==011) set out ==d
if (sel ==100) set out =e
if (sel==101) set out =f
if (sel ==110) set out =g
if (sel ==111) set out =h
```

可以用 2 个 4 路 16 位复用器和 1 个 2 路 16 位复用器实现其功能。

4 路一位选择器的结构如图 5-16 所示,需要 2 个选择位,输入与输出之间的关系为

```
if (sel ==00) set {a, b, c, d} ={in, 0, 0, 0}
if (sel ==01) set {a, b, c, d} ={0, in, 0, 0}
if (sel ==10) set {a, b, c, d} ={0, 0, in, 0}
if (sel ==11) set {a, b, c, d} ={0, 0, 0, in}
```

可以用 1 个 1 位非门、2 个 1 位选择器、4 个 1 位与门实现其功能。

8 路一位选择器的结构如图 5-17 所示,需要 3 个选择位,输入和输出之间的关系为

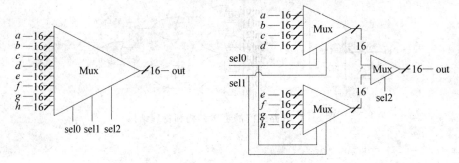

图 5-15　8 路 16 位复用器的逻辑结构和物理结构

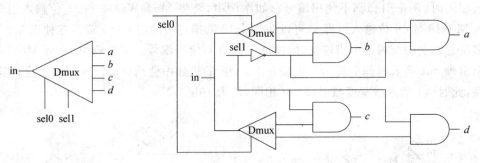

图 5-16　4 路一位选择器的逻辑结构和物理结构

```
if (sel ==000) set {a, b, c, d, e, f, g, h} ={in, 0, 0, 0, 0, 0, 0, 0}
if (sel ==001) set {a, b, c, d, e, f, g, h} ={0, in, 0, 0, 0, 0, 0, 0}
if (sel ==010) set {a, b, c, d, e, f, g, h} ={0, 0, in, 0, 0, 0, 0, 0}
if (sel ==011) set {a, b, c, d, e, f, g, h} ={0, 0, 0, in, 0, 0, 0, 0}
if (sel ==100) set {a, b, c, d, e, f, g, h} ={0, 0, 0, 0, in, 0, 0, 0}
if (sel ==101) set {a, b, c, d, e, f, g, h} ={0, 0, 0, 0, 0, in, 0}
if (sel ==111) set {a, b, c, d, e, f, g, h} ={0, 0, 0, 0, 0, 0, 0, in}
```

可以用 1 个一位非门、2 个 4 路选择器、8 个一位与门实现其功能。

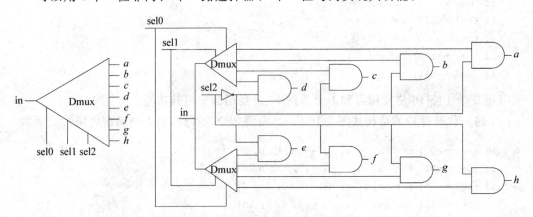

图 5-17　8 路选择器的逻辑结构和物理结构

　　大学计算机——计算、构造与设计实验指导

2. 多通道逻辑门的仿真实现

按照实验所提供的 HDL 框架文件，在文本编辑器中完成逻辑门的设计。在硬件仿真器中，打开所设计的 HDL 文件(.hdl)和对应的测试脚本(.tst)，并利用测试脚本验证芯片设计的正确性。建议将 HDL 文件、测试脚本和比较文件放在同一路径中。注意：在设计芯片时，如果要用到其他芯片，为了保证该芯片的正确性，建议使用这些芯片的内置版本，即在路径中仅包含当前所设计芯片的.hdl 文件。由于后面设计的芯片会用到前面设计的芯片，因此建议按照实验编排的顺序完成所有实验内容。注意：资源软件中包含了本章实验用到的所有 HDL 文件框架、测试脚本和比较文件。

1) 8 通道 1 位或门

8 通道 1 位或门的 HDL 文件为 Or8Way.hdl，以下是该 HDL 文件的框架：

```
CHIP Or8Way {
    IN in[8];
    OUT out;
    PARTS:
    // Put your code here:
}
```

8 通道 1 位或门的测试脚本和比较文件如下所示：

测试脚本 Or8Way.tst				比较文件 Or8Way.cmp	
头部	load Or8Way.hdl, output-file Or8Way.out, compare-to Or8Way.cmp, output-list in%B2.8.2 out%B2.1.2;			| in | out | | 00000000 | 0 | | 11111111 | 1 | | 00010000 | 1 |	
场景	set in %B00000000, eval, output;	set in %B11111111, eval, output;	set in %B00010000, eval, output;	| 00000001 | 1 | | 00100110 | 1 |	
	set in %B00000001, eval, output;	set in %B00100110, eval, output;			

2) 4 通道 16 位复用器

4 通道 16 位复用器的 HDL 文件为 Mux4Way16.hdl，以下是该 HDL 文件的框架：

```
CHIP Mux4Way16 {
    IN a[16], b[16], c[16], d[16], sel[2];
    OUT out[16];
    PARTS:
    // Put your code here:
}
```

4 通道 16 位复用器的测试脚本和比较文件如下所示：

头部	load Mux4Way16.hdl, output-file Mux4Way16.out, compare-to Mux4Way16.cmp, output-list a%B1.16.1 b%B1.16.1 c%B1.16.1 d%B1.16.1 sel%B2.2.2 out%B1.16.1;			
场景	**场景 1**			
	set a 0, set b 0, set c 0, set d 0,			
	场景 1-1	**场景 1-2**	**场景 1-3**	**场景 1-4**
	set sel 0, eval, output;	set sel 1, eval, output;	set sel 2, eval, output;	set sel 3, eval, output;
	场景 2			
	set a %B0001001000110100, set b %B1001100001110110, set c %B1010101010101010, set d %B0101010101010101,			
	重复场景 1-1 操作	重复场景 1-2 操作	重复场景 1-3 操作	重复场景 1-4 操作

比较文件 Mux4Way16.cmp

a	b	c	d	sel	out
0000000000000000	0000000000000000	0000000000000000	0000000000000000	00	0000000000000000
0000000000000000	0000000000000000	0000000000000000	0000000000000000	01	0000000000000000
0000000000000000	0000000000000000	0000000000000000	0000000000000000	10	0000000000000000
0000000000000000	0000000000000000	0000000000000000	0000000000000000	11	0000000000000000
0001001000110100	1001100001110110	1010101010101010	0101010101010101	00	0001001000110100
0001001000110100	1001100001110110	1010101010101010	0101010101010101	01	1001100001110110
0001001000110100	1001100001110110	1010101010101010	0101010101010101	10	1010101010101010
0001001000110100	1001100001110110	1010101010101010	0101010101010101	11	0101010101010101

3）8 通道 16 位复用器

8 通道 16 位复用器的 HDL 文件为 Mux8Way16.hdl，以下是该 HDL 文件的框架：

```
CHIP Mux8Way16 {
    IN a[16], b[16], c[16], d[16],e[16], f[16], g[16], h[16],sel[3];
    OUT out[16];
    PARTS:
    // Put your code here:
}
```

8 通道 16 位复用器的测试脚本和比较文件如下所示：

头部	load Mux8Way16.hdl, output-file Mux8Way16.out, compare-to Mux8Way16.cmp, output-list a%B1.16.1 b%B1.16.1 c%B1.16.1 d%B1.16.1 e%B1.16.1 f%B1.16.1 g%B1.16.1 h%B1.16.1 sel%B2.3.2 out%B1.16.1;

场景 1

场景	set a 0, set b 0, set c 0, set d 0, set e 0, set f 0, set g 0, set h 0,

场景 1-1	场景 1-2	场景 1-3	场景 1-4	场景 1-5	场景 1-6	场景 1-7	场景 1-8
set sel 0, eval, output;	set sel 1, eval, output;	set sel 2, eval, output;	set sel 3, eval, output;	set sel 4, eval, output;	set sel 5, eval, output;	set sel 6, eval, output;	set sel 7, eval, output;

场景 2

set a %B0001001000110100,
set b %B0010001101000101,
set c %B0011010001010110,
set d %B0100010101100111,
set e %B0101011001111000,
set f %B0110011110001001,
set g %B0111100010011010,
set h %B1000100110101011,

重复场景 1-1 操作	重复场景 1-2 操作	重复场景 1-3 操作	重复场景 1-4 操作	重复场景 1-5 操作	重复场景 1-6 操作	重复场景 1-7 操作	重复场景 1-8 操作

比较文件 Mux8Way16.cmp

...

4）4 通道 1 位选择器

4 通道 1 位选择器的 HDL 文件为 DMux4Way.hdl,以下是该 HDL 文件的框架:

```
CHIP DMux4Way {
    IN in, sel[2];
    OUT a, b, c, d;
    PARTS:
    // Put your code here:
}
```

4 通道 1 位选择器的测试脚本和比较文件如下所示：

测试脚本 DMux4Way.tst

头部	load DMux4Way.hdl, output-file DMux4Way.out, compare-to DMux4Way.cmp, output-list in%B2.1.2 sel%B2.2.2 a%B2.1.2 b%B2.1.2 c%B2.1.2 d%B2.1.2;			
场景	set in 0, set sel %B00, eval, output;	set in 0, set sel %B01, eval, output;	set in 0, set sel %B10, eval, output;	set in 0, set sel %B11, eval, output;
	set in 1, set sel %B00, eval, output;	set in 1, set sel %B01, eval, output;	set in 1, set sel %B10, eval, output;	set in 1, set sel %B11, eval, output;

比较文件 DMux4Way.cmp

```
| in | sel | a | b | c | d |
| 0 | 00 | 0 | 0 | 0 | 0 |
| 0 | 01 | 0 | 0 | 0 | 0 |
| 0 | 10 | 0 | 0 | 0 | 0 |
| 0 | 11 | 0 | 0 | 0 | 0 |
| 1 | 00 | 1 | 0 | 0 | 0 |
| 1 | 01 | 0 | 1 | 0 | 0 |
| 1 | 10 | 0 | 0 | 1 | 0 |
| 1 | 11 | 0 | 0 | 0 | 1 |
```

5）8 通道 1 位选择器

8 通道 1 位选择器的 HDL 文件为 DMux8Way，以下是该 HDL 文件的框架：

```
CHIP DMux8Way {
    IN in, sel[3];
    OUT a, b, c, d, e, f, g, h;
    PARTS:
    // Put your code here:

}
```

8 通道 1 位选择器的测试脚本和比较文件如下所示：

测试脚本 DMux8Way.tst

头部	load DMux8Way.hdl, output-file DMux8Way.out, compare-to DMux8Way.cmp, output-list in%B2.1.2 sel%B2.3.2 a%B2.1.2 b%B2.1.2 c%B2.1.2 d%B2.1.2 e%B2.1.2 f%B2.1.2 g%B2.1.2 h%B2.1.2;

场景	set in 0, set sel %B000, eval, output;	set in 0, set sel %B001, eval, output;	set in 0, set sel %B010, eval, output;	set in 0, set sel %B011, eval, output;
	set in 0, set sel %B100, eval, output;	set in 0, set sel %B101, eval, output;	set in 0, set sel %B110, eval, output;	set in 0, set sel %B111, eval, output;
	set in 1, set sel %B000, eval, output;	set in 1, set sel %B001, eval, output;	set in 1, set sel %B010, eval, output;	set in 1, set sel %B011, eval, output;
	set in 1, set sel %B100, eval, output;	set in 1, set sel %B101, eval, output;	set in 1, set sel %B110, eval, output;	set in 1, set sel %B111, eval, output;

比较文件 DMux8Way. cmp

in	sel	a	b	c	d	e	f	g	h
0	000	0	0	0	0	0	0	0	0
0	001	0	0	0	0	0	0	0	0
0	010	0	0	0	0	0	0	0	0
0	011	0	0	0	0	0	0	0	0
0	100	0	0	0	0	0	0	0	0
0	101	0	0	0	0	0	0	0	0
0	110	0	0	0	0	0	0	0	0
0	111	0	0	0	0	0	0	0	0
1	000	1	0	0	0	0	0	0	0
1	001	0	1	0	0	0	0	0	0
1	010	0	0	1	0	0	0	0	0
1	011	0	0	0	1	0	0	0	0
1	100	0	0	0	0	1	0	0	0
1	101	0	0	0	0	0	1	0	0
1	110	0	0	0	0	0	0	1	0
1	111	0	0	0	0	0	0	0	1

五、实验报告要求

(1) 写出所设计的 HDL 文件,并说每条语句的含义。

(2) 将实验仿真运行结果截图粘贴到实验报告中,并分析测试脚本的含义。

(3) 写出实验过程中遇到的问题及原因。

(4) 本次实验过程中最大的体会是什么?学会了哪些技能?

还可以怎样设计各芯片的物理结构？

5.5 实现简单运算器

一、实验目的

(1) 理解布尔运算。
(2) 掌握半加器、全加器、加法器和加 1 加法器的方法。

二、实验条件和环境

微型计算机，Windows 操作系统，tecs-software-suite-2.5 软件。

三、实验任务和要求

(1) 实现半加器。
(2) 实现全加器。
(3) 实现加法器。
(4) 实现加 1 加法器。

四、实验步骤和操作指导

1. 布尔算术的实现原理

计算机硬件结构的核心是中央处理器(CPU)，CPU 的核心是算术逻辑单元 ALU，它执行所有的算术和逻辑运算。

1 位半加器 HalfAdder 的结构如图 5-18 所示，输入与输出的关系可以表示为：sum = LSB of a+b；carry = MSB of a+b，即 sum 由 a 与 b 的和的最低有效位确定，carry 由 a 与 b 的和的最高有效位确定。HalfAdder 的真值表如表 5-3 所示，由该真值表可以看出，a 与 b 的和 sum(a,b) 对应于异或运算，a 与 b 的和的进位 carry(a,b) 对应于与运算，因此可以用 1 个异或门和 1 个与门实现其功能。

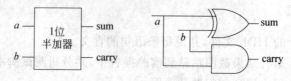

图 5-18   1 位半加器的逻辑结构和物理结构

3 路 1 位全加器 FullAdder 的结构如图 5-19 所示，输入和输出的关系可以表示为：sum = LSB of a + b + c；carry = MSB of a + b + c，可以用两个半加器 HalfAdder

表 5-3 1 位半加器的真值表

输入 a	输入 b	和 sum(a,b)	进位 carry(a,b)
0	0	0	0
1	0	1	0
0	1	1	0
1	1	0	1

和 1 个或门实现其功能。

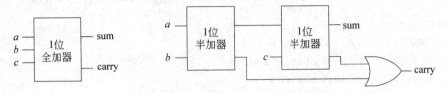

图 5-19 1 位全加器的逻辑结构和物理结构

如果忽略最高有效位的进位,可以用图 5-20 所示表示 16 位加法器 Adder 的逻辑结构,输入输出的关系表示为:for i = 0..15 out[i] = a[i] +b[i],可以使用 16 个 1 位全加器 FullAdder 从最低位开始依次向最高位方向相加,除最低位的一个输入为 0 外,其他 FullAdder 的一个输入为紧邻较低位的进位。在 HDL 中,如果输入引脚的信号源是常数 1 或者 0,需要用 true 或 false 表示。如本例中,需要将第 1 个 FullAdder 中引脚 c 的信号源置为 0,可以在 FullAdder 的描述中用 c=flase 表示这种连接关系。

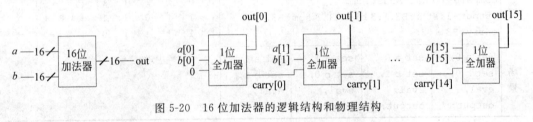

图 5-20 16 位加法器的逻辑结构和物理结构

16 位加 1 加法器 Inc 的结构如图 5-21 所示,输入和输出的关系表示为:out = in + 1,可以使用 1 个 16 位加法器 Adder 实现其功能。当常数 true 和 false 用于总线时,也不使用编号,其数据宽度等于与其连接的总线宽度,如本例中,需要将 Adder 中引脚 b 中编号为 1 的数据线置为 0,可以在 Adder 的描述中用 b[0]= ture 表示这种连接关系。

图 5-21 加 1 加法器的逻辑结构和物理结构

2. 布尔算术的仿真实现

按照实验所提供的 HDL 框架文件,在文本编辑器中完成逻辑门的设计。在硬件仿真器中,打开所设计的 HDL 文件(.hdl)和对应的测试脚本(.tst),并利用测试脚本验证芯片设计的正确性。建议将 HDL 文件、测试脚本和比较文件放在同一路径中。注意:在设计芯片时,如果要用到其他芯片,为了保证该芯片的正确性,建议使用这些芯片的内置版本,即在路径中仅包含当前所设计芯片的.hdl 文件。由于后面设计的芯片会用到前面设计的芯片,因此建议按照实验编排的顺序完成所有实验内容。注意:资源软件中包含了本章实验用到的所有 HDL 文件框架、测试脚本和比较文件。

1) 1 位半加器

1 位半加器的 HDL 文件为 HalfAdder.hdl,以下是该 HDL 文件的框架:

```
CHIP HalfAdder {
    IN a, b;       // 1-bit inputs
    OUT sum,       // Right bit of a +b
    carry;         // Left bit of a +b
    PARTS:
    // Put you code here:
}
```

1 位半加器的测试脚本和比较文件如下所示:

<table>
<tr><th colspan="4">测试脚本 HalfAdder. tst</th><th colspan="4">比较文件 HalfAdder. cmp</th></tr>
<tr><td rowspan="1">头部</td><td colspan="3">load HalfAdder.hdl,
output-file HalfAdder.out,
compare-to HalfAdder.cmp,
output-list a%B3.1.3 b%B3.1.3 sum%B3.1.3
carry%B3.1.3;</td><td>| a</td><td>| b</td><td>| sum</td><td>| carry |
0	0	0	0
0	1	1	0
1	0	1	0
1	1	0	1 |</td></tr>
<tr><td rowspan="1">场景</td><td>set a 0,
set b 0,
eval,
output;</td><td>set a 0,
set b 1,
eval,
output;</td><td>set a 1,
set b 0,
eval,
output;</td><td colspan="4">set a 1,
set b 1,
eval,
output;</td></tr>
</table>

2) 3 路 1 位全加器

3 路 1 位全加器的 HDL 文件为 FullAdder.hdl,以下是该 HDL 文件的框架:

```
CHIP FullAdder {
    IN a, b, c;    // 1-bit inputs
    OUT sum,       // Right bit of a +b +c
    carry;         // Left bit of a +b +c
    PARTS:
    // Put you code here:
}
```

3 路 1 位全加器的测试脚本和比较文件如下所示:

头部	load FullAdder.hdl, output-file FullAdder.out, compare-to FullAdder.cmp, output-list a%B3.1.3 b%B3.1.3 c%B3.1.3 sum%B3.1.3 carry%B3.1.3;							
场景	set a 0, set b 0, set c 0, eval, output;	set a 0, set b 0, set c 1, eval, output;	set a 0, set b 1, set c 0, eval, output;	set a 0, set b 1, set c 1, eval, output;	set a 1, set b 0, set c 0, eval, output;	set a 1, set b 0, set c 1, eval, output;	set a 1, set b 1, set c 0, eval, output;	set a 1, set b 1, set c 1, eval, output;

比较文件 FullAdder. cmp

a	b	c	sum	carry
0	0	0	0	0
0	0	1	1	0
0	1	0	1	0
0	1	1	0	1
1	0	0	1	0
1	0	1	0	1
1	1	0	0	1
1	1	1	1	1

3）16 位加法器

16 位加法器的 HDL 文件为 Add16.hdl，以下是该 HDL 文件的框架：

```
CHIP Add16 {
    IN a[16], b[16];
    OUT out[16];
    PARTS:
    // Put you code here:
}
```

16 位加法器的测试脚本和比较文件如下所示：

头部	load Add16.hdl, output-file Add16.out, compare-to Add16.cmp, output-list a%B1.16.1 b%B1.16.1 out%B1.16.1;		
场景	set a %B0000000000000000, set b %B0000000000000000, eval, output;	set a %B0000000000000000, set b %B1111111111111111, eval, output;	set a %B1111111111111111, set b %B1111111111111111, eval, output;
	set a %B1010101010101010, set b %B0101010101010101, eval, output;	set a %B0011110011000011, set b %B0000111111110000, eval, output;	set a %B0001001000110100, set b %B1001100001110110, eval, output;

比较文件 Add16. cmp

a	b	out
0000000000000000	0000000000000000	0000000000000000
0000000000000000	1111111111111111	1111111111111111
1111111111111111	1111111111111111	1111111111111110
1010101010101010	0101010101010101	1111111111111111
0011110011000011	0000111111110000	0100110010110011
0001001000110100	1001100001110110	1010101010101010

4) 16 位加 1 加法器

16 位加 1 加法器的 HDL 文件为 Inc16.hdl，以下为该 HDL 文件的框架：

```
CHIP Inc16 {
    IN in[16];
    OUT out[16];
    PARTS:
    // Put you code here:
}
```

16 位加 1 加法器的测试脚本和比较文件如下：

<table>
<tr><th colspan="3">测试脚本 Inc16. tst</th><th colspan="2">比较文件 Inc16. cmp</th></tr>
<tr><td rowspan="2">头
部</td><td colspan="2">load Inc16.hdl,
output-file Inc16.out,
compare-to Inc16.cmp,
output-list in%B1.16.1 out%B1.16.1;</td><td colspan="2">| in | out |
| 0000000000000000 | 0000000000000001 |
| 1111111111111111 | 0000000000000000 |
| 0000000000000101 | 0000000000000110 |</td></tr>
<tr><td colspan="2" rowspan="2">| 1111111111111011 | 1111111111111100 |</td></tr>
<tr><td rowspan="2">场
景</td><td>set in %B0000000000000000,
eval,
output;</td><td>set in %B1111111111111111,
eval,
output;</td></tr>
<tr><td>set in %B0000000000000101,
eval,
output;</td><td>set in %B1111111111111011,
eval,
output;</td><td></td><td></td></tr>
</table>

五、实验报告要求

（1）写出所设计的 HDL 文件，并说每条语句的含义。

（2）将实验仿真运行结果截图粘贴到实验报告中，并分析测试脚本的含义。

（3）写出实验过程中遇到的问题及原因。

（4）本次实验过程中最大的体会是什么？学会了哪些技能？

六、实验思考题

（1）还可以怎样设计各芯片的物理结构？

（2）尝试修改测试场景，完成对芯片功能的测试，并记录修改后的测试场景。

第 **6** 章 计算机网络及应用

6.1 网络命令的使用

一、实验目的

(1) 通过实验加深理解 MAC 地址、IP 地址、子网掩码、网关、路由、地址解析等概念。

(2) 了解常用网络命令的功能。

(3) 会使用常用的网络命令完成查看网络配置参数和网络连接状态，检查地址解析是否正常，检查路由是否正常，检测和定位网络故障等简单的网络管理和维护工作。

二、实验条件和环境

已连接网络的微型计算机，Windows XP 操作系统。

三、实验任务和要求

在命令提示符窗口中执行以下网络命令查看网络配置信息和网络状态。

(1) ipconfig：显示本地主机当前的 TCP/IP 配置。

格式：

```
ipconfig          //显示当前 TCP/IP 配置信息
ipconfig  /all    //显示详细的 TCP/IP 配置信息
```

(2) ping：检查网络的连通性和可达性。

格式：

```
ping  IP 地址(或域名)   //测试与目的主机之间的连通性(可达性)
```

(3) nslookup：域名查询。

格式：

```
nslookup 域名      //查询并显示"域名"对应的 IP 地址
Nslookup          //进入 nslookup 命令状态(提示符为">"),在
                    命令状态下可直接输入域名执行查询,按 Ctrl+C 键
```

退出 nslookup 命令状态

（4）tracert：显示到达目的主机的路由信息。

格式：

```
tracert 目的主机 IP 地址(或域名)
```

（5）arp：显示（或修改）本地主机 ARP 表的项目。

格式：

```
arp - a                //显示本地主机 ARP 表
arp - s IP 地址   MAC 地址   //在 ARP 缓存表中增加一个静态表项
```

（6）netstat：显示协议统计信息和当前 TCP 连接状态

格式：

```
netstat                //显示活动的连接和监听端口状态
netstat  - a           //显示全部连接和监听端口状态
```

输入上述命令时可使用不同的命令参数，观察执行结果的变化。

（1）操作系统提供了很多与网络相关的命令，这些命令按用户界面的形式分为两类：图形界面和命令行界面。本实验使用命令行界面，进入命令行界面的方法如下。

方法一：选择"开始"→"所有程序"→"附件"→"命令提示符"。

方法二：选择"开始"→"运行"，在弹出的对话框中输入 cmd 或 command 单击"确定"按钮。

（2）一般情况下，可通过三类信息来了解一台计算机的网络连接情况。

① 网络硬件状态。

• 网卡驱动程序是否安装。可进入设备管理器查看，若没有安装，则安装之。

• 网卡是否能够正常工作。同上。还可观察网卡上的 Link 指示灯来确定。

• 网线连接是否正常。观察网卡上的 Link 指示灯是否闪烁，Windows 桌面通知区域显示的网络连接图标上有无红叉（或惊叹号），若有，表示网线连接有问题。通过 ping 命令也能检查网络的连接情况。

② TCP/IP 配置。包括 IP 地址、子网掩码、默认网关和 DNS 服务器地址。这些参数可通过 ipconfig 命令来检查。

③ 名字解析、路由、TCP 连接等状态。

• 连接和 TCP/IP 协议工作是否正常可通过 ping 命令来检查。

• 名字解析是否正常可通过 arp、nslookup 命令来检查。

• 路由是否正常可通过 tracert、route 等命令来检查。

• TCP 连接状态可通过 netstat 命令来检查。

（3）目前大多数因特网上的主机都安装了防火墙或禁止了 ping 响应，所以测试因特网上的主机连通性时，ping 命令和 tracert 命令的结果可能会显示"请求超时"（Request timed out）或"目的网络不可达"（Destination net unreachable），这种情况并不表示网络连接有问题。大多数情况下，测试内部网络的主机连通性时，ping 命令还是很有效的工具。

（4）网络命令带有帮助信息。若需要了解命令的用途、格式或参数时，可在命令后面带上"？"（或 help）参数。

四、实验步骤和操作指导

1. ipconfig 命令的使用

ipconfig 命令是常用的网络配置查询命令，用于显示本地主机当前的 TCP/IP 配置值（IP 地址、子网掩码、默认网关、主机名、DNS 服务器地址、MAC 地址等）。命令的常用参数是"/all"，表示显示网络接口的所有配置值。若命令不带参数，则只显示网络接口的 IP 地址、子网掩码和默认网关。

（1）打开命令提示符窗口，输入 ipconfig/all，然后按回车键。命令执行结果如图 6-1 所示。

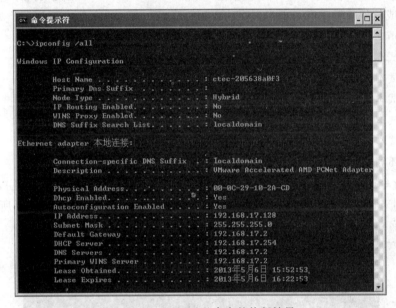

图 6-1 ipconfig /all 命令的执行结果

其中主要显示行的含义如下。

HostName：主机名。

PhysicalAddress：本机网络接口的 MAC 地址。

IPAddress：本机 IP 地址。

Subnet Mask：子网掩码。

Default Gateway：默认网关。

DNS Server：DNS 服务器的 IP 地址。

记录实验所使用主机的上述设置值，将上述设置值写在实验报告中。

（2）只输入 ipconfig，观察显示情况与上面有何不同。在实验报告中进行解释。

（3）输入 ipconfig help，阅读命令使用帮助。按帮助中的说明，在命令中使用不同参数,观察显示情况。

2. ping 命令的使用

ping 命令可以检查网络中主机的网络连接情况,包括网络接口、传输介质、路由器和 TCP/IP 协议的配置等是否工作正常。

默认情况下,ping 命令执行时会向指定的主机发送 4 次 ICMP(网际控制报文协议)回声请求(Echo Request),如果本地主机与目的主机之间的网络连接正常,目的主机也会相应回送 4 次回声应答(Echo Reply)。请求与应答之间的时间间隔会以毫秒为单位显示在屏幕上。这个时间越短就越表示网络的延迟越小,局域网一般应小于 1ms。

ping 命令执行以后,如果出现类似于"Reply from …"之类的信息,说明与目的主机之间的网络连接是正常的(即网络接口、网线连接、TCP/IP 参数的设置、TCP/IP 协议、主机之间的路由都是正常的);如果出现信息"Request timeout …",则说明网络连接有问题(硬件问题或软件问题都有可能)。

使用 ping 命令时,可以由近到远逐渐扩大测试范围,顺序如下:
- 测试本机自身的连通性(回环测试)。
- 测试本机与局域网内其他主机的连通性。
- 测试本机与局域网网关的连通性。
- 测试本机与 DNS 服务器的连通性。
- 测试本机与远程主机(外网主机)的连通性。

1) 回环测试

打开命令提示符窗口,输入 ping 127.0.0.1(127.0.0.1 为回环测试地址),正常状况下可以看到来自本机的应答信息,这表示本机网络软硬件工作正常,如图 6-2 所示。

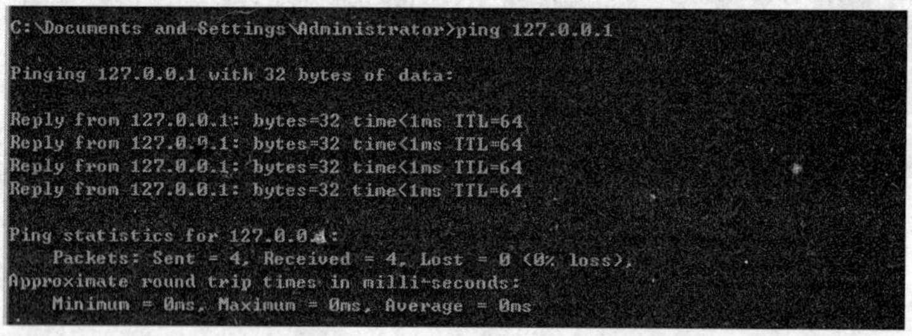

```
C:\Documents and Settings\Administrator>ping 127.0.0.1

Pinging 127.0.0.1 with 32 bytes of data:

Reply from 127.0.0.1: bytes=32 time<1ms TTL=64
Reply from 127.0.0.1: bytes=32 time<1ms TTL=64
Reply from 127.0.0.1: bytes=32 time<1ms TTL=64
Reply from 127.0.0.1: bytes=32 time<1ms TTL=64

Ping statistics for 127.0.0.1:
    Packets: Sent = 4, Received = 4, Lost = 0 (0% loss),
Approximate round trip times in milli-seconds:
    Minimum = 0ms, Maximum = 0ms, Average = 0ms
```

图 6-2　本机网络软硬件正常时 ping 命令的显示结果

localhost 是 127.0.0.1 的别名,也可以用 localhost 来进行回环测试,如图 6-3 所示,每台主机都应该能够将名称 localhost 转换成地址 127.0.0.1,如果不能做到这一点,则表示用于本地 DNS 解析的主机文件(文件名为 host)存在问题。

2) 测试本地主机的 TCP/IP 配置是否正常

首先使用 ipconfig 命令得到本地主机所配置的 IP 地址,然后直接 ping 这个地址,如图 6-4 所示(图中 192.168.0.16 为本地主机的 IP 地址)。如果 ping 不通,说明本地主机的 TCP/IP 配置存在问题。

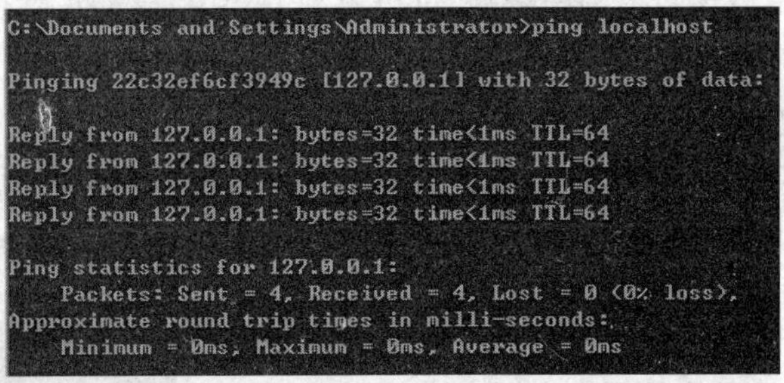

图 6-3 ping 命令也可使用 localhost 作为本地主机的地址

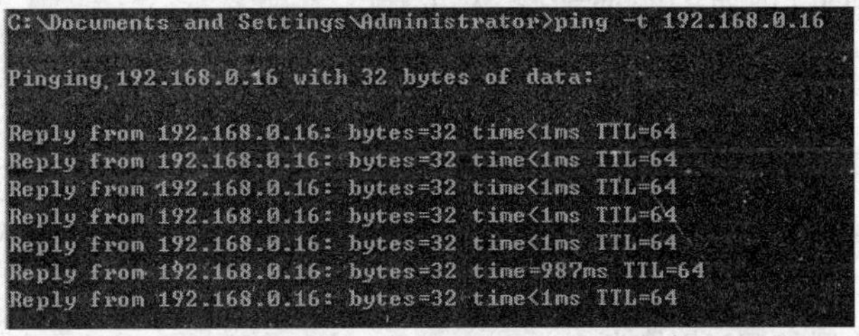

图 6-4 ping 本地主机配置的 IP 地址

图 6-4 中,ping 命令中的参数-t 表示连续发出 ICMP 回声请求(用 Ctrl+C 键中断)。

3)测试本地主机与局域网内其他主机的连通性

首先询问实验中其他同学所使用计算机的 IP 地址,然后 ping 该地址,如果能够收到对方主机的应答信息,表明本地局域网中的网络接口和网线连接均正常。

如果显示"Request timed out"(请求超时),则表明本地局域网的连接存在问题,原因可能是网卡配置错误、网线连接不良、子网掩码不正确等。

4)测试本地主机与网关的连通性

首先向辅导教师询问机房局域网网关的 IP 地址,然后 ping 这个地址。如果能够收到应答信息,则表明网关运行正常。

5)测试本机与域名服务器的连通性

首先向辅导教师询问域名服务器的地址,然后 ping 这个地址。如果能够收到应答信息,则表明域名服务正常。

6)测试本机与远程主机的连通性

首先向辅导教师询问可以使用的远程主机的 IP 地址(如 202.117.58.100),然后 ping 这个地址。如果能够收到远程主机的应答,则表示本地主机可以通过默认网关与远程主机正常通信。

记录以上各项测试的显示结果,将结果粘贴到实验报告中。

3. nslookup 命令的使用

nslookup 命令是查询域名信息(域名服务器、域名对应的 IP 地址等)的一个非常有用的命令,可用来诊断域名服务是否正常。

nslookup 命令可以指定查询的类型,可以查到 DNS 记录的生存时间,还可以指定使用哪个域名服务器进行查询。

1) 查询域名对应的 IP 地址(即域名解析)

输入"nslookup 域名"命令,即可查询到域名所对应的 IP 地址。例如,要查询西安交通大学 Web 服务器的 IP 地址,可输入 nslookup www. xjtu. edu. cn,查询结果如图 6-5 所示。

在查询结果中,最开始两行始终显示查询时所使用的域名服务器(图中显示的是西安交通大学校园网的域名服务器的域名和 IP 地址),下面两行是所要查询的域名和所对应的 IP 地址(即西安交通大学 Web 服务器的 IP 地址为 202.117.1.13)。

图 6-5　查询 www. xjtu. edu. cn 对应的 IP 地址

实验任务:

请任意找一个你熟悉的 Web 网站服务器域名,查询其 IP 地址。然后使用该 IP 地址访问该 Web 网站,体会一下与使用域名访问有何不同。将实验过程及结果写到实验报告中。

2) 查询指定类型的 DNS 信息

在 nslookup 命令中带上"-qt=类型"可以查询指定类型的 DNS 信息。例如,类型为 MX 时,可以查询邮件服务器的 DNS 信息。

输入 nslookup -qt=MX stu. xjtu. edu. cn,查询西安交通大学学生的邮件服务器的 DNS 信息。查询结果如图 6-6 所示。可以看出,该邮件服务器的 IP 地址为 202.117.1. 22,负责解析该邮件服务器域名的域名服务器为 ns2. xjtu. edu. cn(202.117.0.21)和 dec3000. xjtu. edu. cn(202.117.0.20)。

```
C:\>nslookup -qt=MX stu.xjtu.edu.cn
服务器: dec3000.xjtu.edu.cn
Address: 202.117.0.20

stu.xjtu.edu.cn MX preference = 10, mail exchanger = stu.xjtu.edu.cn
stu.xjtu.edu.cn MX preference = 20, mail exchanger = mailgw.xjtu.edu.cn
xjtu.edu.cn        nameserver = ns2.xjtu.edu.cn
xjtu.edu.cn        nameserver = dec3000.xjtu.edu.cn
stu.xjtu.edu.cn internet address = 202.117.1.22
mailgw.xjtu.edu.cn        internet address = 202.117.1.20
ns2.xjtu.edu.cn internet address = 202.117.0.21
dec3000.xjtu.edu.cn        internet address = 202.117.0.20
```

图 6-6　查询邮件服务器的域名信息

输入 nslookup -qt=PTR 202.117.0.21,执行反向查询,查询 IP 地址对应的域名信息。查询结果如图 6-7 所示。可以看出,IP 地址 202.117.0.21 对应的域名为 ns2. xjtu. edu. cn。

一些常用的 DNS 记录类型如下。

A:地址记录(IPv4)。

CNAME:别名记录。

MINFO:邮件组和邮箱的信息记录。

MX:邮件服务器记录。

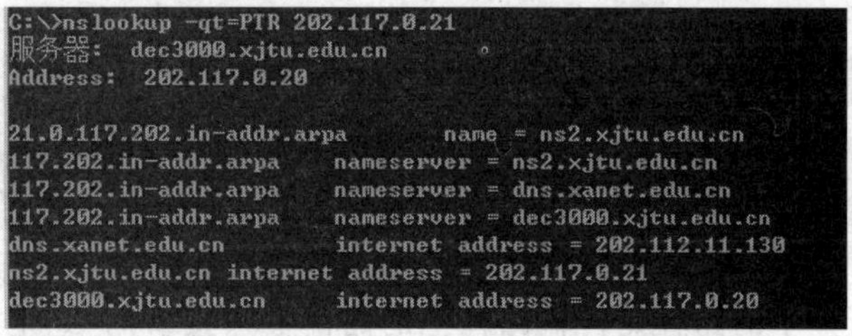

```
C:\>nslookup -qt=PTR 202.117.0.21
服务器:  dec3000.xjtu.edu.cn
Address:  202.117.0.20

21.0.117.202.in-addr.arpa       name = ns2.xjtu.edu.cn
117.202.in-addr.arpa    nameserver = ns2.xjtu.edu.cn
117.202.in-addr.arpa    nameserver = dns.xanet.edu.cn
117.202.in-addr.arpa    nameserver = dec3000.xjtu.edu.cn
dns.xanet.edu.cn        internet address = 202.112.11.130
ns2.xjtu.edu.cn internet address = 202.117.0.21
dec3000.xjtu.edu.cn     internet address = 202.117.0.20
```

图 6-7　执行反向查询，根据 IP 地址查询域名

NS：名字服务器记录。

PTR：反向查询记录（根据 IP 地址查询域名）。

实验任务：

(1) 查询新浪邮箱服务器(sina. com)的 DNS 信息，将查询结果粘贴到实验报告中。

(2) 查询 202.117.1.28 对应的服务器域名，将查询结果粘贴到实验报告中。

3) 通过顶级域名服务器查询指定域名的权威 DNS 服务器

也可以直接通过顶级域名服务器查询负责解析指定域名的权威域名服务器的信息。因特网顶级域名服务器共有 10 台，主机名称依次为 a. gtld-servers. net 到 j. gtld-servers. net(gtld 是 global top level domain 的缩写)。

通过顶级域名服务器查询 www. baidu. com 的域名信息，命令如下：

```
nslookup -qt=NS www.baidu.com a.gtld-servers.net
```

查询结果如图 6-8 所示。

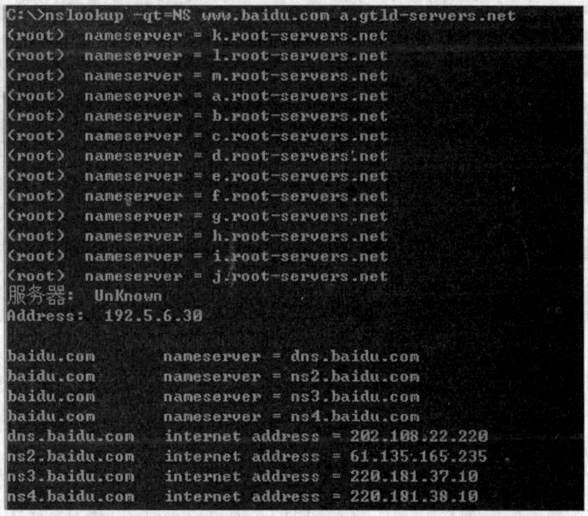

```
C:\>nslookup -qt=NS www.baidu.com a.gtld-servers.net
(root)  nameserver = k.root-servers.net
(root)  nameserver = l.root-servers.net
(root)  nameserver = m.root-servers.net
(root)  nameserver = a.root-servers.net
(root)  nameserver = b.root-servers.net
(root)  nameserver = c.root-servers.net
(root)  nameserver = d.root-servers.net
(root)  nameserver = e.root-servers.net
(root)  nameserver = f.root-servers.net
(root)  nameserver = g.root-servers.net
(root)  nameserver = h.root-servers.net
(root)  nameserver = i.root-servers.net
(root)  nameserver = j.root-servers.net
服务器:  UnKnown
Address:  192.5.6.30

baidu.com       nameserver = dns.baidu.com
baidu.com       nameserver = ns2.baidu.com
baidu.com       nameserver = ns3.baidu.com
baidu.com       nameserver = ns4.baidu.com
dns.baidu.com   internet address = 202.108.22.220
ns2.baidu.com   internet address = 61.135.165.235
ns3.baidu.com   internet address = 220.181.37.10
ns4.baidu.com   internet address = 220.181.38.10
```

图 6-8　通过因特网的顶级域名服务器查询某个域名的权威域名服务器

实验任务：

通过顶级域名服务器查询新浪 Web 服务器(www. sina. com)的权威域名服务器，并通过该权威域名服务器查询新浪 Web 服务器的 IP 地址，将结果粘贴到实验报告中。

4．tracert 命令的使用

tracert 命令用来显示从本地主机到达目标主机所经过的路径（即经过了哪些路由器节点），并显示到达每个路由器所用的时间。此命令可以用来查看网速慢是卡在了传输路径中的哪个地方。

tracert 命令所显示的路径是传输路径上的路由器入接口的 IP 地址列表。入接口是路径中面向发送主机一侧的路由器接口。

(1) 跟踪本地主机到达新浪 Web 服务器（www.sina.cn）的路径，命令如下（其中的域名也可更换成你所感兴趣的 Web 服务器域名）：

tracert www.sina.cn

(2) 在跟踪过程中，如果只显示路径上的路由器 IP 地址，而不显示路由器名称，可以在 tracert 命令中使用参数-d（如图 6-9 所示）：

tracert -d www.sina.cn

对于路径中的某个路由器，如果 4s 内未收到其应答消息，则时间显示为一个星号（＊），如图 6-9 中第 7、9、12、15、16 行所示。

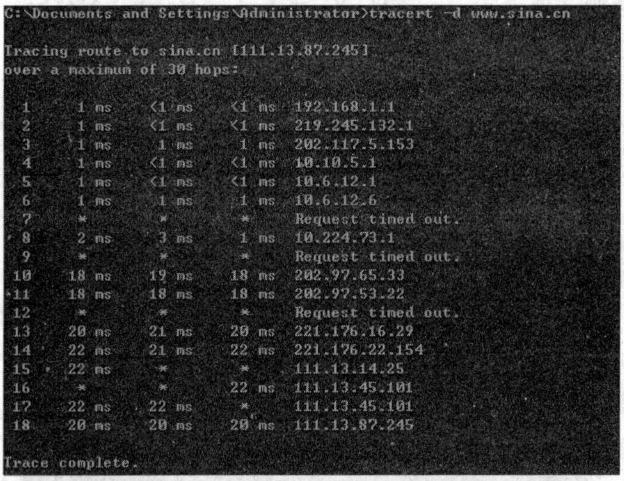

```
C:\Documents and Settings\Administrator>tracert -d www.sina.cn

Tracing route to sina.cn [111.13.87.245]
over a maximum of 30 hops:

  1     1 ms    <1 ms    <1 ms   192.168.1.1
  2     1 ms    <1 ms    <1 ms   219.245.132.1
  3     1 ms    <1 ms    <1 ms   202.117.5.153
  4     1 ms    <1 ms    <1 ms   10.10.5.1
  5     1 ms    <1 ms    <1 ms   10.6.12.1
  6     1 ms     1 ms     1 ms   10.6.12.6
  7     *        *        *      Request timed out.
  8     2 ms     3 ms     1 ms   10.224.73.1
  9     *        *        *      Request timed out.
 10    18 ms    19 ms    18 ms   202.97.65.33
 11    18 ms    18 ms    18 ms   202.97.53.22
 12     *        *        *      Request timed out.
 13    20 ms    21 ms    20 ms   221.176.16.29
 14    22 ms    21 ms    22 ms   221.176.22.154
 15     *       22 ms     *      111.13.14.25
 16     *        *       22 ms   111.13.45.101
 17    22 ms    22 ms     *      111.13.45.101
 18    20 ms    20 ms    20 ms   111.13.87.245

Trace complete.
```

图 6-9　tracert 命令的路径跟踪结果

实验任务：

找几个你熟悉的 Web 网站，用 tracert 命令跟踪到达这些 Web 网站服务器的路径，将结果粘贴到实验报告中。说明到达该 Web 服务器经过了几个路由器，经过了哪些网络（列出网络地址）。

5．arp 命令的使用

计算机上的每个网络接口都有一个 ARP 缓存，ARP 缓存中存储了局域网中 IP 地址与 MAC 地址的映射表。arp 命令可以用于显示和修改这个 ARP 缓存表。

如果没有参数,则 arp 命令将显示命令帮助信息。

(1) 显示所有网络接口的 ARP 缓存表。输入 arp -a 命令,显示结果如图 6-10 所示。左面一列是网络接口的 IP 地址,中间一列是对应的 MAC 地址,右边一列显示了本行中 IP 地址与 MAC 地址的映射关系是静态的还是动态的。

图 6-10　显示所有网络接口的 ARP 缓存表

(2) 只显示指定网络接口的 ARP 缓存表。输入带有-a -N 参数的 arp 命令,显示结果如图 6-11 所示。

```
C:\Documents and Settings\Administrator>arp -a -N 192.168.0.16

Interface: 192.168.0.16 --- 0x2
  Internet Address      Physical Address      Type
  192.168.0.48          00-1a-4d-20-1a-ef     dynamic
  192.168.0.254         00-30-85-70-8b-01     static
```

图 6-11　显示 192.168.0.16 对应的网络接口的 ARP 缓存表

(3) 删除 ARP 缓存中的静态映射表项。输入 arp -d 命令,然后用 arp -a 命令查看,结果如图 6-12 所示。

```
C:\Documents and Settings\Administrator>arp -d

C:\Documents and Settings\Administrator>arp -a

Interface: 192.168.0.16 --- 0x2
  Internet Address      Physical Address      Type
  192.168.0.254         00-30-85-70-8b-01     dynamic
```

图 6-12　删除 ARP 缓存表中的静态映射条目

(4) 在 ARP 缓存中增加一条静态映射表项。输入"arp -s　IP 地址　MAC 地址"命令,结果如图 6-13 所示。

```
C:\Documents and Settings\Administrator>arp -s 192.168.1.1 00-1d-60-73-32-1f.

C:\Documents and Settings\Administrator>arp -a

Interface: 192.168.1.10 --- 0x2
  Internet Address      Physical Address      Type
  192.168.1.1           00-1d-60-73-32-1f     static
```

图 6-13　在 ARP 缓存中添加静态映射表项

注意:流行的 ARP 病毒就是利用 ARP 协议的机制,通过伪造网关的 IP-MAC 地址映射关系来实现 ARP 欺骗,在网络中产生大量的 ARP 通信量使网络阻塞,感染了 ARP 病毒的计算机会持续不断地发出伪造的 ARP 响应报文,使目标主机 ARP 缓存中的网关 IP-MAC 地址映射条目被修改,造成所有应该通过网关访问因特网的通信都会被引导到错误的计算机上,从而使局域网中的计算机无法访问因特网。

计算机感染 ARP 病毒的现象为：局域网中的计算机会突然断网，过一会儿又会恢复正常；重启计算机或运行命令 arp -d 后又可恢复上网。使用 arp 命令指定网关 IP 地址和 MAC 地址的静态映射（绑定 IP 地址和 MAC 地址）可临时解决此问题。

实验任务：

（1）显示本地主机的 ARP 缓存表，将结果粘贴到实验报告中。

（2）删除 ARP 缓存表中的静态映射表项，重新显示本地主机的 ARP 缓存表，将结果粘贴到实验报告中。

（3）在 ARP 缓存中增加一条默认网关的静态映射表项，然后重新显示本地主机的 ARP 缓存表，将结果粘贴到实验报告中。

6. netstat 命令的使用

netstat 命令可以显示当前活动的网络连接的详细信息和各种统计信息，包括：

- 活动的 TCP 连接。
- 计算机侦听的端口。
- 以太网统计信息。
- IP 路由表。
- IP 协议统计信息。

命令中如果不带参数，则只显示活动的 TCP 连接。

（1）显示所有网络连接（包括 TCP 和 UDP）的信息。输入 netstat -a 命令。这里包括已建立的连接（Established），也包括监听连接请求（Listening）的那些连接，以及计算机侦听的 TCP 和 UDP 端口。图 6-14 给出了部分结果值。

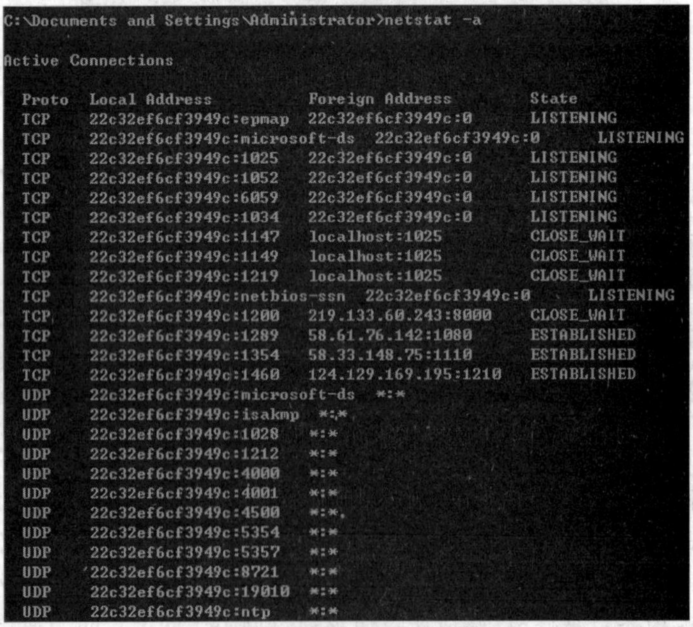

图 6-14　显示所有的网络连接信息

（2）查看已建立的有效 TCP 连接情况。输入 netstat -n 命令，显示结果如图 6-15 所示。

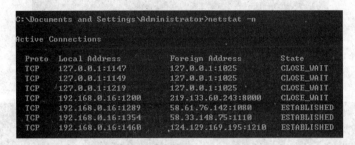

图 6-15 显示当前的 TCP 连接状态

（3）显示局域网（以太网）的统计信息。输入 netstat -e 命令，显示结果如图 6-16 所示。

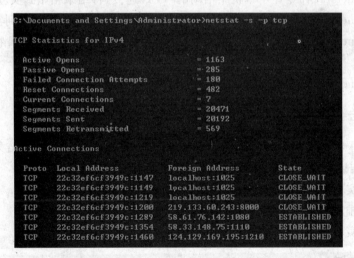

图 6-16 显示本机局域网连接的统计信息

（4）显示 TCP 协议的统计信息。输入 netstat -s -p tcp 命令，显示结果如图 6-17 所示。

图 6-17 显示 TCP 协议的统计信息

（5）显示 UDP 协议的统计信息。输入 netstat -s -p udp 命令，显示结果如图 6-18 所示。

（6）显示主机路由表信息。输入 netstat -r 命令，显示结果如图 6-19 所示。

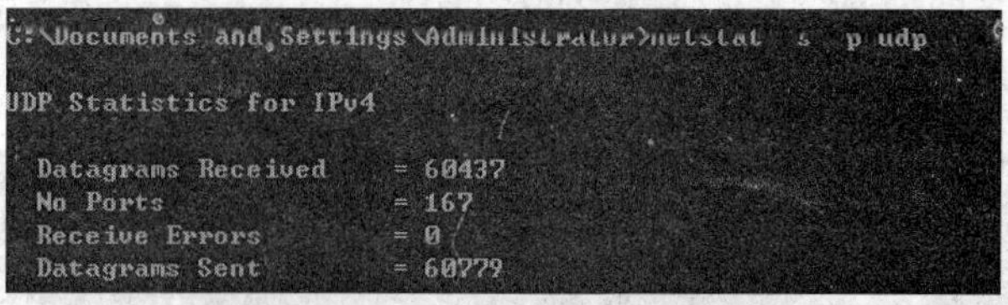

图 6-18　显示 UDP 协议的统计信息

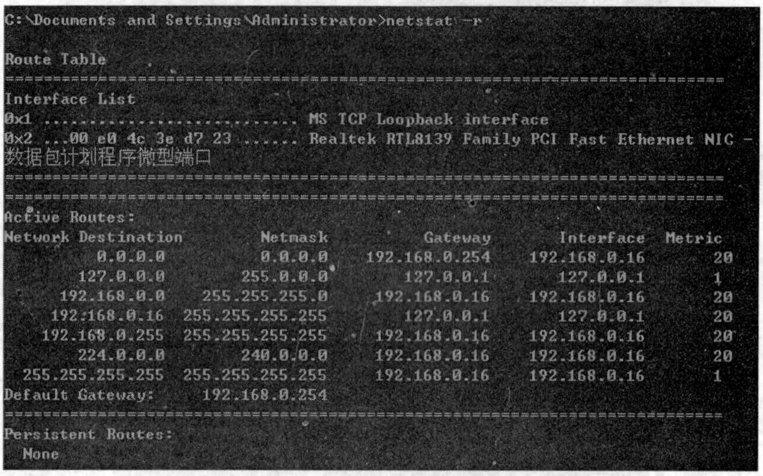

图 6-19　显示主机路由表信息

实验任务：

（1）使用 netstat 命令显示本机中活动的 TCP 连接，将结果粘贴到实验报告中。

（2）使用 netstat 命令显示本机局域网连接的统计信息，将结果粘贴到实验报告中。

（3）使用 netstat 命令显示本机 TCP/UDP 协议的统计信息，将结果粘贴到实验报告中。

（4）使用 netstat 命令找出默认网关的 IP 地址。

五、实验报告要求

（1）按要求将各实验内容的结果截图粘贴到实验报告中。对执行结果进行详细解释，说明执行结果中主要内容的含义。回答实验内容中的问题。

（2）写出实验过程中遇到的问题及原因（如果可能，请给出解决方法）。

（3）总结排除网络故障的步骤。

（4）本次实验过程中最大的体会是什么？学会了哪些技能？

六、实验思考题

（1）如何判断一台计算机的网络设置是正确的？

（2）如何检查一台计算机连网是否正常？

（3）若一台计算机可以访问内网，但不能访问因特网，可以通过哪些网络命令来确定问题所在?

(4) ARP 病毒会将主机中 ARP 缓存表中正确的网关地址修改成错误的网关地址。用哪条网络命令可以检查出这个问题?如何临时性地解决此问题?

6.2 构建简单的无线局域网

一、实验目的

(1)了解 WLAN 的网络组成。

(2)掌握无线路由器的安装与配置。

(3)掌握 WLAN 客户端的安装与配置。

(4)掌握利用 WLAN 上网的方法。

二、实验条件和环境

微型计算机,无线路由器,USB 无线网卡,Windows XP/7 操作系统。

三、实验任务和要求

(1)安装配置无线路由器。

(2)安装 WLAN 客户端。

(3)测试无线上网是否正常。

(4) WLAN 安全设置。

要求通过以上安装设置,能够使计算机以无线方式访问因特网。

四、实验步骤和操作指导

本实验需要将一个班分成若干个 4～6 人的小组来做,每个小组构建一个 WLAN。指导教师给班级起一个缩写名(一般可以按汉语拼音的字头起名,例如机自 21 起名为 JZ21),然后再为每个小组编排一个顺序号备用,如机自 21 的第 1 组为 JZ21-1。

1. 实验网络拓扑图

在本实验中,每个实验小组配置有一台无线路由器。外部网络(WAN)连接采用实验室提供的网络连接,可以通过它连接到校园网和因特网。每个实验小组的 PC 作为 WLAN 的内网主机。实验网络的拓扑结构如图 6-20 所示。

2. WLAN 硬件安装

1)无线路由器硬件安装

(1)在小组内任选一台计算机作为管理机,将管理机的 IP 地址、子网掩码和默认网关地址记录在纸上备用。将其背后连接的网线拔出连接到无线路由器的 WAN 端口。这

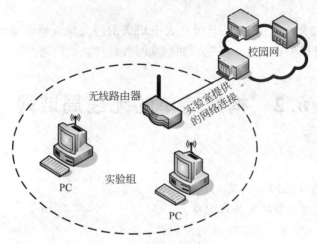

图 6-20   实验组的 WLAN 拓扑结构

时的网络结构,校园网可认为是外网(互联网),实验组 WLAN 可认为是内网。

(2) 使用另一根双绞线连接无线路由器和管理机。网线的一端插到无线路由器的 4 个 LAN 接口中的任意一个,另一端插到管理机背面的网络接口。

(3) 将电源适配器插到电源插座,适配器的电源输出插头插到无线路由器的电源插口,这时无线路由器自动启动。

(4) 无线路由器启动后,用一个尖细的物体(如圆珠笔)压下无线路由器的 Reset 按钮,保持 5s,使其恢复出厂设置。

2) USB 无线网卡安装

将 USB 无线网卡插入 PC 的 USB 插口中,操作系统会自动安装驱动程序。

注意:管理机可继续使用双绞线连接,也可在配置好无线路由器后,断开有线连接,插入 USB 无线网卡,改用无线连接。

3. 配置无线路由器

无线路由器内置 Web 服务,可以使用 PC 登录到无线路由器的 Web 设置页面来对其进行配置。在实验中,每个小组通过管理机来配置无线路由器。

无线路由器的 IP 地址出厂默认值为 192.168.1.1(实验中请不要随便修改,以便以后其他同学能够正常进行实验),所以管理机的 IP 地址要与无线路由器的 IP 地址在同一子网上。

无线路由器的配置步骤如下:

(1) 将管理机的 IP 地址设置为 192.168.1.2,子网掩码为 255.255.255.0,默认网关为 192.168.1.1,如图 6-21 所示。

(2) 打开管理机上的网络浏览器,在地址栏中输入 http://192.168.1.1,就会看到无线路由器的管理员登录界面。配置无线路由器需要以管理员的身份登录,在登录界面输入管理员的用户名和密码(出厂默认设置均为 admin),然后单击"确定"按钮。

(3) 如果用户名和密码正确,浏览器将显示无线路由器配置界面(可能会弹出一个设

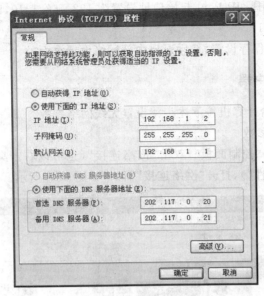

图 6-21　设置管理机的 TCP/IP 属性

置向导的窗口,本实验中可以不理睬它,直接关闭即可)。

(4) 设置外网参数。首先进入外网(WAN)设置页面,然后按下述步骤设置 WAN 参数。

① WAN 口连接类型。选择"固定 IP"(有的无线路由器称为"静态 IP"),即 WAN 口使用固定的 IP 地址。

② 互联网(外网)IP 设置。

• IP 地址:输入前面记录下来的管理机 IP 地址。

• 子网掩码:输入前面记录下来的管理机子网掩码。

• 默认网关:输入前面记录下来的管理机默认网关地址。

以上设置完成后,保存设置,然后退出外网设置页面。

5) 设置无线网络参数

首先进入无线网络设置页面,然后按下述步骤设置无线网络参数。

• SSID:输入"班级名缩写-顺序号"作为 SSID 号,如机自 21 的第 1 组为 JZ21-1。

• 无线模式:选择"自动"。

• 频道:选择"自动"。

• 授权方式(认证方式):选择 Open System。

• 加密方式和密钥:不设置。

以上设置完成后,保存设置,然后退出无线网络设置页面。

6) 设置内网(LAN)参数

首先进入内部网络设置页面,然后按下述步骤设置内网(LAN)参数。

(1) 无线路由器 IP 地址和子网掩码:不需要改动。

(2) DHCP 服务器设置:首先转到"DHCP 服务器"选项卡。

• 启用 DHCP 服务器:选择"是"。

- DHCP 地址范围:IP Pool 起始地址设置为 192.168.1.10,IP Pool 结束地址设置为 192.168.1.15。

以上设置完成后,保存设置,然后退出内部网络设置页面。

4. 设置无线客户端

实验组内的每一台计算机按下述步骤设置无线网络参数。

1) 配置 TCP/IP 参数

(1) 选择"开始"→"控制面板",双击"网络连接"(也可以右击桌面上的"网络邻居",选择快捷菜单中的"属性"),打开"网络连接"窗口,如图 6-22 所示。

图 6-22 网络连接窗口

(2) 右击无线网络连接图标,选择快捷菜单中的属性(也可直接双击无线网络连接图标,在打开的窗口中单击下面的"属性"按钮),打开无线网络连接属性对话框,如图 6-23 所示。

(3) 选中"Internet 协议(TCP/IP)",然后单击下面的"属性"按钮,在"常规"选项卡中设置 TCP/IP 协议。因为无线路由器上已经打开了 DHCP 服务,所以在此选择"自动获得 IP 地址"和"自动获得 DNS 服务器地址"单选按钮,如图 6-23、图 6-24 所示。

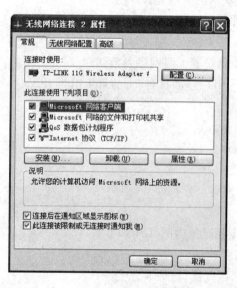

图 6-23 无线网络连接属性设置窗口

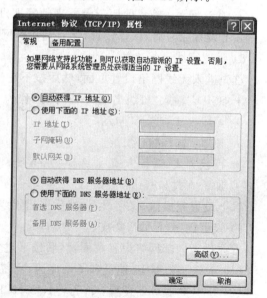

图 6-24 TCP/IP 属性设置窗口

2) 配置无线网络参数

(1) 在无线网络连接属性窗口中,选择"无线网络配置"选项卡,选择"用 Windows 配置我的无线网络设置"复选框,如图 6-25 所示。

(2) 单击"查看无线网络"按钮,在弹出的窗口中会显示当前存在的无线网络列表,在列表中双击本组的无线网络。注意:无线网络图标旁边会显示 SSID 号,如果无线路由器设置的 SSID 号为 JZ21-1,则列表中就会出现一项 SSID 为 JZ21-1 的无线网络。

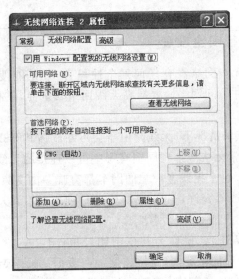

图 6-25 "无线网络配置"选项卡

(3) 这时计算机就开始连接所指定的无线网络。连接后在该项的右边会显示"已连接上☆",如图 6-26 所示。

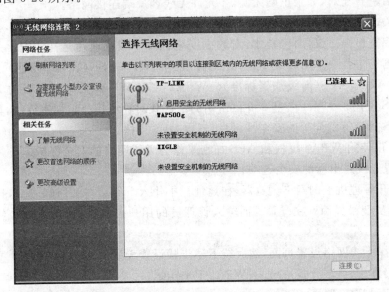

图 6-26 无线网络已经连接上

如果以上步骤完成后,无线网络还不能连接,请仔细检查无线路由器的设置和本地主机的无线网络设置。

5. 测试无线上网情况

进入网络连接窗口,将所有的有线网络连接全部禁用(以防止通过有线连接上网),只保留已经连接的无线网络。然后打开网络浏览器,浏览任意一个网站的主页,观察上网情况。

6. 对无线网络进行安全设置

按以上设置建立的无线网络没有任何安全性可言,凡是能搜索到网络 SSID 的无线客户机都可以随意连接并访问网络。要提高无线网络安全性,限制非授权的访问,可以采取以下措施:

- SSID 隐藏。在默认情况下,无线路由器会不断广播其 SSID,如果禁用了 SSID 广播。无线客户端就无法搜索到周围有哪些可以连接的无线路由器。
- MAC 地址过滤。每个无线客户端的网卡都有唯一的 MAC 地址。在无线路由器中设置允许访问或不允许访问的 MAC 地址列表,就可以实现 MAC 地址的访问过滤,从而控制用户能否连接网络。
- 有线等效保密(WEP)。也称为共享密钥(Shared key)。WEP 使用 64 位或 128 位密钥的 RC4 对称加密算法,在链路层加密数据。采用 WEP 的各无线客户端使用相同的密钥访问无线网络。WEP 也提供认证功能,当启用加密时,无线客户端要尝试连接无线路由器时,无线路由器会发出一个挑战报文到无线客户端,无线客户端再利用共享密钥将此值加密后送回无线路由器,无线路由器用共享密钥解密后进行比对,如果正确无误,才允许无线客户端连接网络。
- WPA(Wi-Fi 保护访问)。WPA 使用了比 WEP 具有更好安全性能的 TKIP(临时密钥完整性协议)加密技术,对数据安全性要求较高时可选用 WPA 方式。在家庭网络中普遍采用的是 WPA 的简化版——WPA-PSK(预共享密钥)。
- WPA2 与 AES(高级加密标准)。WPA2 兼容 WPA,支持更高级的 AES 加密。AES 使用了 128、192 和 256 位密钥的迭代式对称密钥分组加密算法,具有与三重 DES 加密算法同等的安全性,但比三重 DES 更快。

本实验仅使用 WPA2 授权和 AES 加密来作为无线网络的安全保护措施。

1) 设置无线路由器的安全选项

(1) 打开管理机上的网络浏览器,在地址栏中输入 http://192.168.1.1,打开无线路由器的管理员登录界面。在登录界面输入管理员的用户名和密码,单击"确定"按钮进入配置界面。

(2) 选择无线网络设置页面,然后按下述步骤设置无线网络安全参数。

- 授权方式(认证方式):选择 WPA2-Personal。
- WPA 加密:选择 AES。
- WPA-PSK 密钥:自行确定,并告知组内其他同学。

设置完后,保存设置,然后退出无线网络设置页面。

2) 设置无线客户端的安全选项

(1) Windows XP 的设置方法。

选择"开始"→"控制面板"→"网络连接"命令,在"网络连接"窗口中右击"无线网络连接",在快捷菜单中选择"属性"命令,在"属性"对话框中选择"无线网络配置"选项卡,勾选"用 Windows 配置我的无线网络设置"复选框,单击"添加"按钮,如图 6-27 所示。

在打开的无线网络属性对话框中按以下参数设置各安全选项(见图 6-28):

• 网络身份验证:WPA2-PSK。

• 数据加密:AES。

设置完成后,单击"确定"按钮退出。

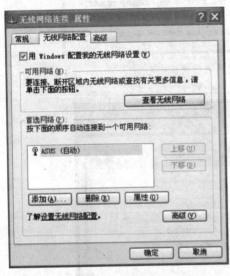

图 6-27 无线网络配置选项卡

图 6-28 设置无线网络安全选项

如果这是首次设置安全选项,还需在退出后执行一次登录操作,方法是:右击"无线网络连接",选中所建立的无线网络,单击无线网络列表下面的"连接"按钮,在弹出的登录对话框中输入在无线路由器上设置的 WPA-PSK 密钥,就会连接成功。

(2) Windows 7 的设置方法。

选择"开始"→"控制面板"→"网络和共享中心",选择"管理无线网络",如图 6-29 所示。

在显示的列表中右击本组建立的无线网络(如 JZ21-1),在快捷菜单中选择"属性"命令,在"属性"对话框中选择"安全"选项卡,如图 6-30 所示。

在"安全"选项卡中按以下参数设置各选项:

• 安全类型:WPA2-个人(即 WPA2-Personal)。

• 加密类型:AES。

• 网络安全密钥:输入在无线路由器上设置的 WPA-PSK 密钥。

设置完成后,单击"确定"按钮退出。

3) 测试无线上网情况

实验小组内的各计算机断开无线网络连接,再重新连接,这时应该可以通过认证,连

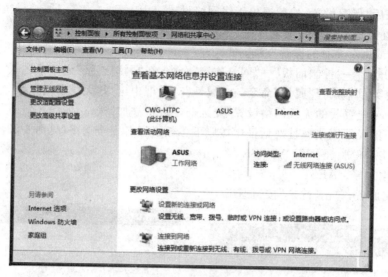

图 6-29　Windows 7 的网络和共享中心

图 6-30　无线网络属性窗口中的安全选项卡

接上网络。打开网络浏览器,浏览任意一个网站的主页,观察上网情况。如果连接不成功,检查安全设置参数后再重试。

五、实验报告要求

(1) 简述构建一个 WLAN 的安装设置步骤。

(2) 画出实验中的 WLAN 拓扑图。

(3) 写出实验中涉及的所有配置参数,并说明每个参数的含义。

（4）将各实验步骤的结果截图粘贴到实验报告中。对结果进行详细解释，说明结果中主要内容的含义。

（5）写出实验过程中遇到的问题及原因。

（6）本次实验过程中最大的体会是什么？学会了哪些技能？

六、实验思考题

（1）为什么无线路由器上要设置 SSID？不设置行不行？会产生什么问题？

（2）在大学中，每间学生宿舍都安装了一个网络接口，以连接校园网。但如果宿舍中有多台计算机或移动设备（智能手机、平板电脑等）需要上网，网络接口数量就不能满足需求了。在此类环境中采用 WLAN 就是一个很好的解决方案。请参照本实验为你的宿舍设计一个 WLAN，让宿舍中的每台计算机都能共享宿舍通过的单一的网络连接。画出网络拓扑图，写出所有配置参数。

（3）情况同（第 2）题。为节省投资，也可以让其他宿舍的计算机来共享你宿舍的 WLAN 连接，但墙壁的阻挡会大大降低信号强度，造成连接不稳定。请给出解决方案。（选做）

（4）情况同（第 2）题。如果宿舍楼中有多个 WLAN，就可以实现移动设备在宿舍楼中的漫游。这时无线路由器应如何配置？（选做）

（5）查找资料，分析不同的认证方式和加密方式的优缺点。（选做）

6.3 使用 PGP 加密解密/签名验证

一、实验目的

（1）了解非对称加密算法 RSA。

（2）掌握 PGP 软件的使用方法。

二、实验条件和环境

能够联网的微型计算机，Windows 7 操作系统，PortablePGP 软件。

三、实验任务和要求

（1）安装 PGP 软件。

（2）使用 PGP 生成密钥对。

（3）使用 PGP 软件实现加密/解密。

（4）使用 PGP 软件实现签名/验证。

四、实验步骤和操作指导

1. 有关 PGP

PGP(Pretty Good Privacy)是基于 RSA 公钥加密体系的加密软件，可以用它实现保密性(privacy)和可认证性(authentication)。RSA(Rivest-Shamir-Adleman)算法是一种

基于大素数难以进行因数分解这个假设的公钥体系,需要一个公钥用来加密信息,一个私钥用来解密信息,两个密钥互补。

实验中使用的 PortablePGP 软件是一个基于 PGP 协议的轻量级 Java 工具,属于开源软件,能够完成加密、解密、签名和验证等功能,可以在 Windows 7、Ubuntu 和 Mac OS 等操作系统中运行,需要 Oracle Java 7 的支持。如果当前系统没有安装 Java,可以通过 PortablePGP 的安装程序自动下载,但需要保持联网状态。

2. PGP 软件安装

运行 PortablePGP 安装程序。安装程序首先会自动检测系统中是否已经安装过相关组件,如图 6-31 所示,单击 Next 按钮。

PortablePGP 的默认安装路径为 C:\Program Files\PortablePGP,如图 6-32 所示,单击 Browse 按钮可以更改安装路径;单击 Install 按钮进入安装过程。如果当前系统没有安装过 JRE(Java Running Environment),安装程序会提示"This software needs JRE, it will now be downloaded and installed",单击"确定"按钮后,会自动下载并安装 Java 程序,安装时还需要用户再次确认安装 Java 程序。安装完成后,单击 Close 按钮完成 PortablePGP 的安装。

图 6-31　安装选项

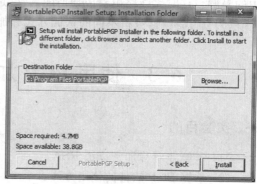
图 6-32　安装目录

3. 生成密钥对

安装结束后,将出现如图 6-33 所示的欢迎界面,选择"This is the first time i use PGP. Please generate a new private/public key pair"按钮可以生成一组新的包含私钥和公钥的密钥对,如果已经拥有一个 PGP 私钥,也可以选择"I already own a PGP private Key. Let me import it"按钮导入密钥对。第一次使用时,应该选择生成密钥对。

在 Generate a new Key Pair 对话框中(见图 6-34),根据实际情况输入用户信息,如姓名(Name)、E-amil、注释(Comment)、密钥等,其中 Passphrase 和 Again 的内容要保持一致,它们是与该用户相关的私钥。密钥长度 Key size 的默认值为 1024 位,可以不修改。如果选择"Paranoid ELGamal(p,g) parameter generation"选项,则在生成密钥对时会使用 Paranoid ElGamal 算法增强密码破译难度,但生成密钥对的时间较长,因此可以不选择该项。最后单击 Generate 按钮,等待密钥对生成。

生成密钥对后的界面(见图 6-35)既是再次打开 PortablePGP 后的界面,也是单击

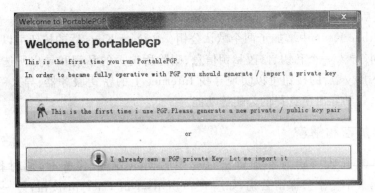

图 6-33　欢迎界面

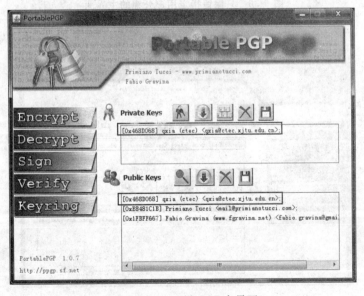

图 6-34　生成新的密钥对

图 6-35　PortablePGP 主界面

Keyring 按钮后的界面。在 Private Keys 和 Public Keys 中不仅包含了上一步生成的密钥对，还在 Public Keys 中增加了两个默认公钥。Private Keys 后的按钮可以实现生成一个新的密钥对、导入一个私钥、修改私钥信息、删除所选择的私钥和导出所选择的私钥等功能。Public Keys 后的按钮可以实现寻找 Internet 上的密钥服务器、导入一个公钥、删除所选择的公钥和导出所选择的公钥等功能。

4. 文件加密和解密

为了更好地说明密钥对在加解密过程中的使用方法，实验时，同时打开了两个 PortablePGP，其中一个只保留公钥，如图 6-36 所示，单击 Encrypt 按钮；另一个只保留私钥，如图 6-37 所示，单击 Decrypt 按钮。

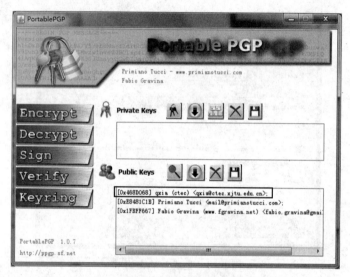

图 6-36　只保留指定用户公钥的主界面

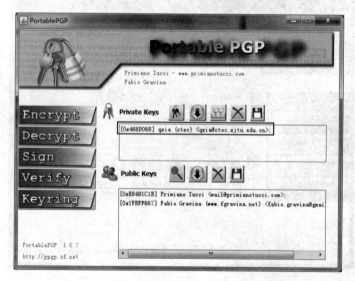

图 6-37　只保留指定用户私钥的主界面

在只保留指定用户公钥的 PortablePGP 中，选择要加密的文件或者文本。如果选择 Encrypt a File 选项，可以通过 Browse 按钮指定要加密的文件；如果选择 Encryption Text 选项，可以直接输入要加密的明文，如图 6-38 所示。在 Target 下拉框中选择加密使用的公钥，在 Sign 下拉框中选择签名的方式，由于目前还没有设置签名，此处选择了"No signature. Just encrypt"（"非签名，只加密"）。最后单击 Encrypt 按钮完成加密。

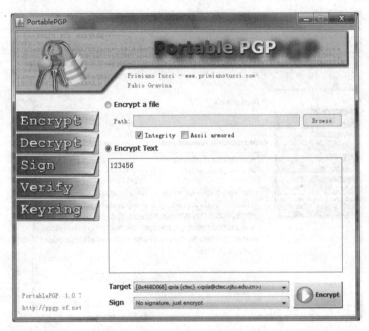

图 6-38　加密界面

图 6-38 加密后的结果如图 6-39 所示，可以单击 Save to text file 按钮保存密文，也可以单击 Copy to clipboard 按钮将密文保存到剪贴板中。由于实验只是在本机中验证加密和解密的效果，因此单击 Copy to clipboard 按钮。

图 6-39　加密结果

在只保留指定用户私钥的 PortablePGP 中,选择要解密的文件或者文本。如果选择 Decrypt a File 选项,可以通过 Browse 按钮指定要解密的文件;如果选择 Decrypt ASCII-Armored Text 选项,可以直接输入要解密的密文。这里使用 Paste from clipboard 按钮将剪贴板中的密文粘贴到文本框中,如图 6-40 所示。最后单击 Decrypt 按钮完成解密。解密时,还需要用户输入私钥。

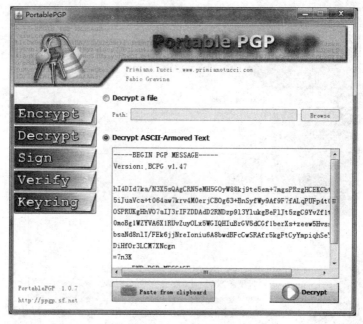

图 6-40　解密界面

成功解密后的结果如图 6-41 所示,可以单击 Save to text file 按钮保存明文;也可以单击 Copy to clipboard 按钮保存到剪贴板中。当然如果用户输入的私钥不对,是无法完成解密过程的。

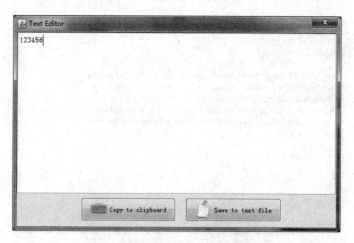

图 6-41　解密结果

大学计算机——计算、构造与设计实验指导

5. 文件签名和验证

为了更好地说明密钥对在签名和验证过程中的使用方法，实验时，同时打开两个 PortablePGP，其中一个只保留公钥，如图 6-36 所示，单击 Sign 按钮；另一个只保留私钥，如图 6-37 所示，单击 Verify 按钮。

在只保留指定用户私钥的 PortablePGP 中，选择要签名的文件或者文本。如果选择 Sign a file 选项，可以通过 Browse 按钮指定要签名的文件，签名信息将附加到该文件后；如果选择 Sign a text message 选项，可以直接输入要附加签名的文本信息，如图 6-42 所示。在 Key 下拉框中选择签名使用的私钥，最后单击 Sign 按钮完成签名。签名时，还需要用户输入私钥。

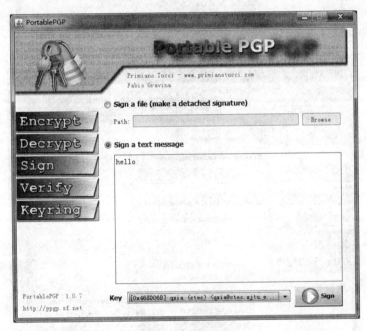

图 6-42　签名界面

签名后的结果如图 6-43 所示，可以单击 Save to text file 按钮保存附加签名的文本，也可以单击 Copy to clipboard 按钮将附加签名的文本保存到剪贴板中。由于实验只是在本机中验证签名和验证的效果，因此单击 Copy to clipboard 按钮。

在只保留指定用户公钥的 PortablePGP 中，选择要验证的文件或者文本。如果选择 Verify a detached signature 选项，可以通过 Browse 按钮指定要验证的文件和签名；如果选择 Verify an ASCII Armored text message 选项，可以直接输入要验证的文本信息，这里使用 Paste from clipboard 按钮将剪贴板中附加签名的文本粘贴到文本框中，如图 6-44 所示。最后单击 Verify 按钮进行验证，验证结束后，会给出文本是否有效的提示信息。

五、实验报告要求

（1）将文本加密/解密、签名/验证的结果截图粘贴到实验报告中，并对结果进行详细

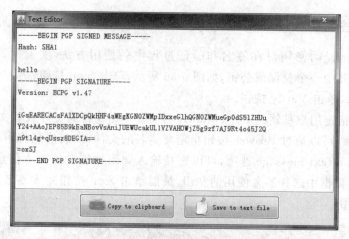

图 6-43　签名结果

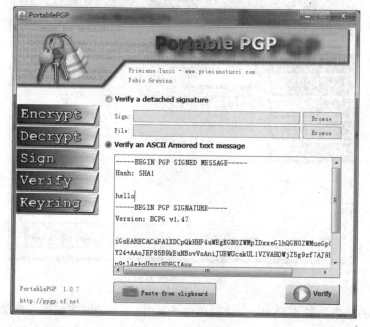

图 6-44　验证界面

解释。

（2）将文件加密/解密、签名/验证的结果截图粘贴到实验报告中，并对结果进行详细解释。

（3）如果要完成一个文本或者文件包含签名、加密、解密和验证在内的所有过程，应该如何使用 PortablePGP 实现？写出具体的操作步骤并截图说明。

（4）写出实验过程中遇到的问题及原因。

（5）本次实验过程中最大的体会是什么？学会了哪些技能？

(1) 如果要在两台微机上实现加密/解密以及签名/验证,该如何使用 PortablePGP 实现?

(2) 能否用私钥加密并用公钥解密? 为什么?

(3) PortablePGP 的 Public Keys 中所包含的两个默认公钥有什么作用?

(4) PortablePGP 验证被修改的签名文本或者文件时,会提示什么信息?

6.4　制作使用数字证书

一、实验目的

(1) 理解数字证书的概念。

(2) 掌握数字证书的制作和使用方法。

二、实验条件和环境

微型计算机、Windows 7 操作系统、Adobe Acrobat X pro 软件。

三、实验任务和要求

(1) 制作证书。

(2) 导出证书。

(3) 设计个性签名。

(4) 使用证书。

(5) 导入证书。

四、实验步骤和操作指导

1. 有关数字证书

数字证书是能够在 Internet 上进行身份验证的一种权威性电子文档,主要采用公开密钥体制,利用一对互相匹配的密钥对信息进行加密/解密、数字签名/签名验证,以确保信息的机密性、完整性及交易的不可抵赖性。数字证书通常由权威公正的第三方机构,即 CA(Certificate Authority)中心签发,CA 中心为每个使用公开密钥的用户发放一个数字证书,数字证书用于证明证书中列出的用户合法拥有证书中列出的公开密钥。

根据数字证书的应用场合,数字证书可以分为服务器证书、电子邮件证书和个人证书,其中服务器证书安装在服务器上,用于证明服务器的身份并对通信过程中的信息加密,主要用于防止欺诈的钓鱼站点;电子邮件证书可以用来证明电子邮件发件人的真实性,即邮件地址的真实性;个人证书主要被用来进行身份验证和电子签名。实验时使用 Adobe Acrobat 制作的数字证书属于个人证书。

2. 制作证书

打开 Adobe Acrobat,在菜单中,选择"工具"→"签名和验证"→"更多签名和验证"→"安全性设置"命令,如图 6-45 所示。提示:菜单栏中如果没有与签名和验证有关的选项,可以选择"视图"→"工具"打开。

在"安全性设置"对话框中,单击"添加身份证"。

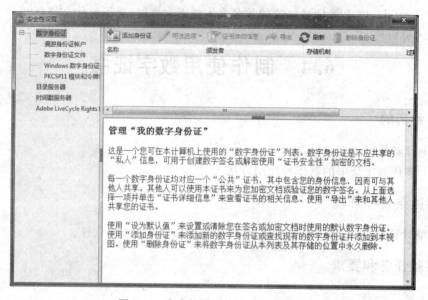

图 6-45　安全性设置——添加身份证

在图 6-46 所示的对话框中,选择"我要立即创建的新数字身份证"单选按钮,然后单击"下一步"按钮。提示:如果本机中存在数字签名,可以在"签名文档"对话框的"签名为"下拉框中选择"新建 ID"创建新的签名。

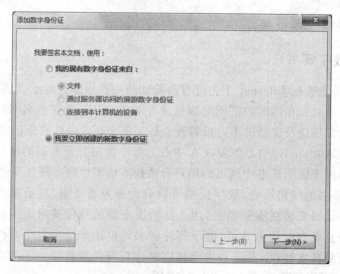

图 6-46　添加数字身份证——签名

在图 6-47 所示的对话框中,可以使用默认选项"新建 PKCS♯12 数字身份证文件",单击"下一步"按钮。

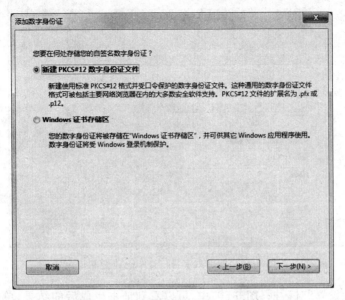

图 6-47　添加数字身份证——存储

在图 6-48 所示的对话框中,根据实际情况输入个人的身份信息,并选择国家、密钥算法和数字身份证用途等内容,然后单击"下一步"按钮。

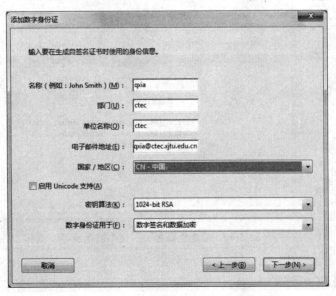

图 6-48　添加数字身份证——身份信息

在图 6-49 所示的对话框中,可以使用默认文件名,也可以通过"浏览"按钮修改数字身份证的存放位置,在"口令"和"确认口令"中设置该证书的私钥,并保持两个口令内容一致,最后单击"完成"按钮。

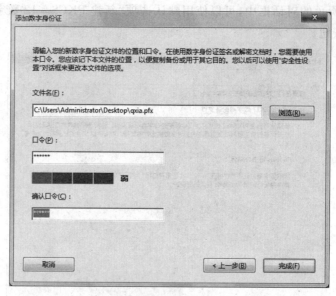

图 6-49 添加数字身份证——位置和口令

在"安全性设置"对话框(图 6-50)中,可以看到证书生成后的结果,单击"证书详细信息",可以在"证书查看程序"对话框中查看证书的详细内容。

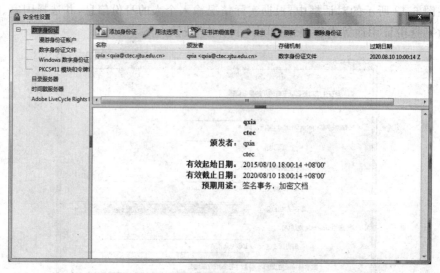

图 6-50 安全性设置——证书已生成

3. 导出证书

为了防止证书丢失,还应该在"安全性设置"对话框(图 6-50)中,单击"导出",保存证书。

在图 6-51 所示的对话框中,选择导出方式,这里可以使用默认选项"将数据保存到文件",单击"下一步"按钮。然后设置保存位置、文件名和文件类型。Adobe Acrobat 支持 3

种文件类型,即 Acrobat FDF 数据交换、证书信息语法-PKCS♯7 和证书文件,可以选择其中之一。最后关闭"安全性设置"对话框。

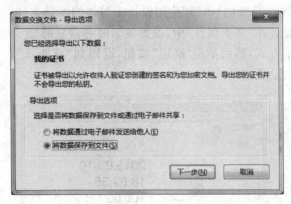

图 6-51 数据交换文件——导出选项

4. 设置个性签名

在 Adobe Acrobat 中,可以设计个性化签名。在菜单栏中,选择"编辑"→"首选项",在"首选项"对话框的左边列表中单击"安全性",如图 6-52 所示,然后单击"外观"中的"新建"按钮。

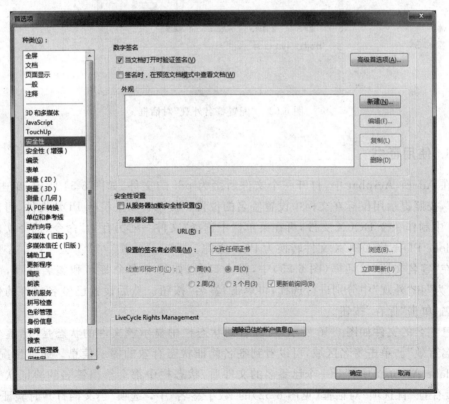

图 6-52 "首选项"对话框

在"配置签名外观"对话框(图 6-53)的"标题"中,输入签名外观的名称,在"配置图形"中,选择"导入的图形"选项,单击"文件"按钮将包含个性化签名的文件加载进来。提示:可以使用 Windows 自带的"画图"应用设计手写体的图形文件。在"配置文本"中,设置签名时显示的信息。在"文本属性"中,设置签名时各信息的显示顺序。在"数字"中,设置签名中数字的显示方式,然后单击"确定"按钮,返回到"首选项"对话框中,单击"确定"按钮完成签名外观的设置。

图 6-53 "配置签名外观"对话框

5. 使用证书

在 Adobe Acrobat 中,打开一个文件后缀为 pdf 的文件,如图 6-54 所示,单击"放置签名",按照提示用鼠标在文档中设置签名的位置。提示:如果没有 PDF 文件,可以先在 Word 中制作一个 DOCX 文件,再在菜单栏中选择"文件"→"另存为"命令,选择文件类型为 Adobe PDF,将 DOCX 文件转换为 PDF 文件。

在"签名文档"对话框(图 6-55)中,输入口令,如果有多个签名和签名外观,可以在"签名为"和"外观"中分别进行选择,再单击"签名"按钮。然后设置已签名文件的位置和文件名,单击"保存"按钮。

已签名的文件如图 6-56 所示,可以看到状态栏中显示该文件的状态是"已签名且所有签名有效"。单击签名区域,可以看到签名验证状态有效的提示信息。通常情况下,当在 Adobe Acrobat 中打开一个已签名的文件后,状态栏中都会给出签名的验证状态。注意:要保证"首选项"对话框(见图 6-52)的"数字签名"中,选项"当文档打开时验证签名"

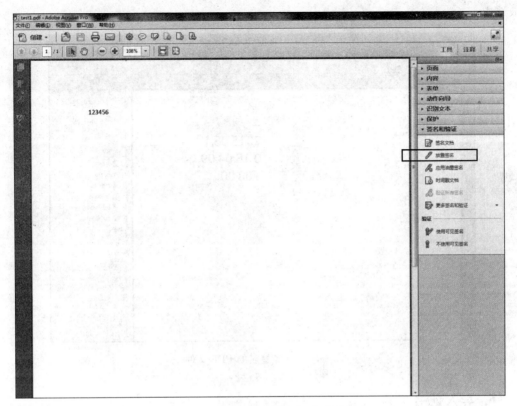

图 6-54　准备对打开的 PDF 文件签名

图 6-55　"签名文档"对话框

被选中。

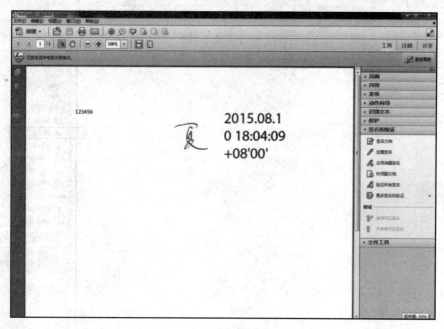

图 6-56　已经签名的 PDF 文件

6. 导入证书

为了更好地说明证书的导入方式,在"安全性设置"对话框(见图 6-50)中,单击"删除身份证",单击"确定"按钮后,输入口令,再次单击"确定"按钮,结果如图 6-45 所示。单击"安全性设置"对话框左边列表的"漫游身份证账户",如图 6-57 所示,单击"导入",选择已经保存的证书,单击"打开"按钮完成导入过程。

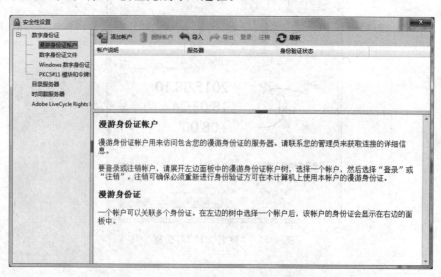

图 6-57　安全性设置——漫游身份证账户

在如图 6-58 所示的对话框中，单击"设置联系人信任"按钮，设置信任关系。

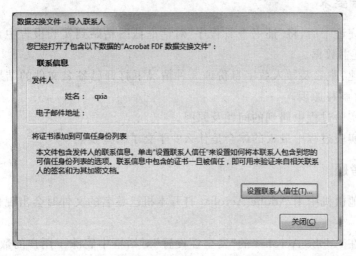

图 6-58　数据交换文件——导入联系人

在"导入联系人设置"对话框（图 6-59）中，选择"将本证书用作可信任根"，单击"确定"按钮。系统提示导入成功信息后，单击"确定"按钮，重新返回到如图 6-58 所示的对话框，单击"关闭"按钮，再关闭"安全性设置"对话框。

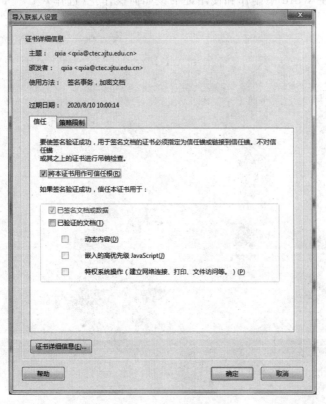

图 6-59　导入联系人设置

五、实验报告要求

（1）制作完证书后，将"证书查看程序"对话框截图粘贴到实验报告中，并记录"详细信息"页中的证书数据。

（2）将创建、删除及导入数字身份证 3 种情况下打开已签名文件的结果截图粘贴到实验报告中，并解释原因。

（3）写出实验过程中遇到的问题及原因。

（4）本次实验过程中最大的体会是什么？学会了哪些技能？

六、实验思考题

（1）在其他微机中用 Adobe Acrobat 打开本机已签名的文件时会出现什么情况？该如何解决？

（2）如果在 Adobe Acrobat 的"安全性设置"对话框中删除了用户的数字身份证，当打开用该用户签名的文件时会提示什么信息？如果再在"安全性设置"对话框中导入了该用户被删除的数字身份证，当重新打开用该用户签名的文件时又会提示什么信息？

（3）Adobe Acrobat 所支持的 3 种类型证书（Acrobat FDF 数据交换、证书信息语法-PKCS♯7 和证书文件）的区别是什么？

（4）如果要在 Word 中制作和使用证书该如何操作？（选作）

第 7 章 C 程序设计基础

7.1 集成开发环境的使用与基本程序设计

一、实验目的

(1) 熟悉 Visual Studio 2013 集成环境的使用。

(2) 掌握 C 语言 Win32 控制台应用程序的创建、编辑、编译、链接及运行操作方法。

(3) 掌握 C 程序基本结构、基本数据类型、运算符、标准函数、表达式处理以及输入输出。

(4) 学会运用 Debug 调试工具跟踪程序执行过程。

二、实验环境

Windows 7 操作系统,Visual Studio 2013 或更高版本集成开发环境。

三、实验任务和要求

(1) 启动 Visual Studio 2013 集成开发环境,设置编写 C 语言程序的基本运行环境。

(2) 编写程序,已知圆半径 r(设 $r=5.0$),求圆的面积 s 和周长 l。

(3) 编写程序,输入一个 3 位正整数,分别输出其中个位数字、十位数字和百位数字。

例如,输入三位正整数为 245,输出结果如下:

个位数字为:5
十位数字为:4
百位数字为:2

(4) 编写程序,输入 x 和 y,计算下式的函数值:

$$\frac{\sin(|x|+|y|)}{\sqrt{\cos(|x|+|y|)}}$$

其中,x、y 为角度值,计算时应转为弧度。

（5）输入 x、a，计算下式的函数值：

$$y = \log_a (x + \sqrt{x^2 + 1}), \quad (a > 0, a \neq 1)$$

提示：C 语言中没有以任意数 a 为底的对数函数，可以利用对数的换底公式：

$$\log_a b = \frac{\log_n b}{\log_n a}$$

（6）计算银行存款本息。输入存款金额 money（单位：元）、存期 years、年利率 rate，计算到期存款本息（保留两位小数）。计算公式如下：

$$\text{sum} = \text{money}(1 + \text{rate})^{\text{years}}$$

（7）输入由 4 个字母构成的颜色英文单词（如 blue,grey,pink），按行依次输出单词中的字母、该字母的 ASCII 码值以及该字母的后继字母。每行数据之间由 Tab 符分隔。例如，输入 blue，输出如下：

```
b       98      c
l       108     m
u       117     v
e       101     f
```

（8）找零钱问题。假定有伍角、壹角、伍分、贰分和壹分共 5 种硬币，在给顾客找硬币时，一般都会尽可能选用硬币个数最少的方法。例如，当要给某顾客找七角二分钱时，会给他 1 个伍角、2 个壹角和 1 个贰分的硬币。请编写一个程序，输入的是要找给顾客的零钱（以分为单位），输出的是应该找回的各种硬币数目，并保证找回的硬币数最少。

（9）输入一个总的秒数，将该秒数换算为相应的时、分、秒。如输入 3600 秒，则输出结果为 1 小时，输入 3610 秒，则结果为 1 小时 10 秒。注意运用除法（/）和求余（%）运算符。

四、实验指导

1. Visual Studio 2013 中 C 语言编程环境设置

设置一：项目设置方法（在"新建项目"对话框中完成）。

（1）执行"开始"→"所有程序"→Microsoft Visual Studio 2013→Visual Studio 2013 命令，打开 Microsoft Visual Studio 2013 的窗口，如图 7-1 所示。

（2）执行"文件"→"新建"→"项目"命令，或单击窗口中的"新建项目"按钮，屏幕显示"新建项目"对话框，如图 7-2 所示。

（3）选择"Win32 控制台应用程序"项目在"已安装"→"模板"中选择 Visual C++→"Win32 控制台应用程序"。

（4）输入项目名称。在"名称"文本框中输入将要创建的项目名称。如默认名称为 ConsoleApplication1，表示将创建的第一个控制台应用程序项目。

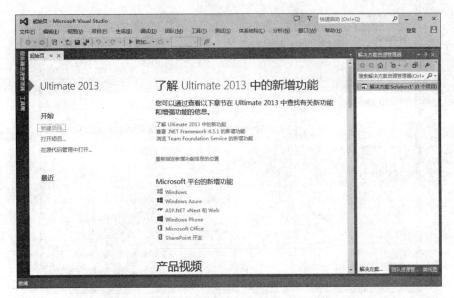

图 7-1　Microsoft Visual Studio 2013 的窗口

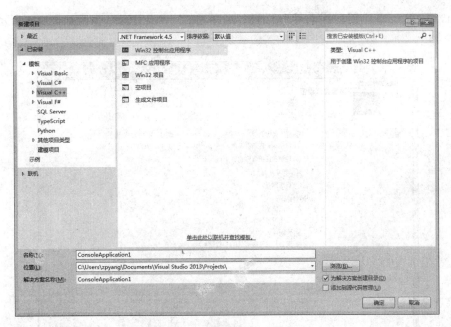

图 7-2　"新建项目"对话框

（5）设置新建项目保存的磁盘位置。在"位置"下拉列表框中确定新建项目保存的位置，或输入要保存的位置。例如，输入 D:\，则将新项目保存到 D 盘根目录中。

（6）"解决方案名称"可以与"名称"保持一致（默认）。

（7）单击"确定"按钮，关闭该对话框，并显示"Win32 应用程序向导"对话框，如图 7-3 所示。

设置二：应用程序设置方法（在"Win32 应用程序向导"对话框中完成）。

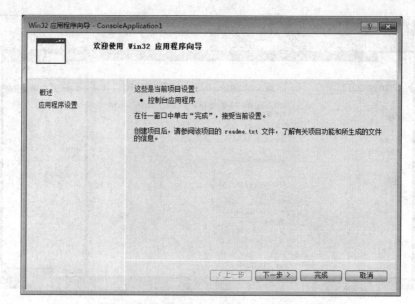

图 7-3　Win32 应用程序向导对话框

（1）在"Win32 应用程序向导"对话框中，单击"下一步"按钮，出现如图 7-4 所示的对话框。

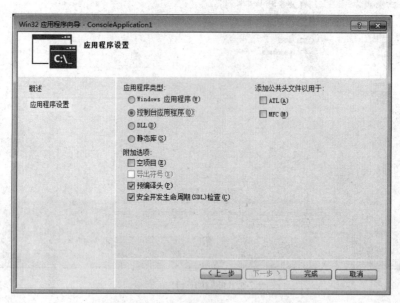

图 7-4　"Win32 应用程序向导"对话框

在图 7-4 对话框中选择"附加选项"中的"空项目"，同时取消"安全开发生命周期(SDL)检查"，如图 7-5 所示（其目的是，凡符合 ANSI C 标准的程序在 Visual Basic 2013 环境下都可以直接调试运行，同时可以忽略编译产生的 Warning C4996 警告信息）。

单击图 7-5 中的"完成"按钮。出现图 7-6 所示的项目窗口。

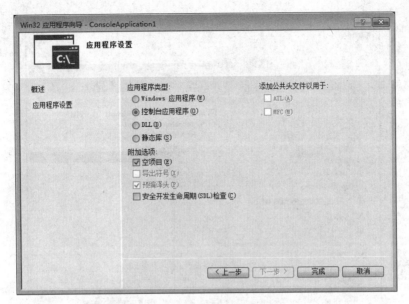

图 7-5 对"附加选项"进行设置

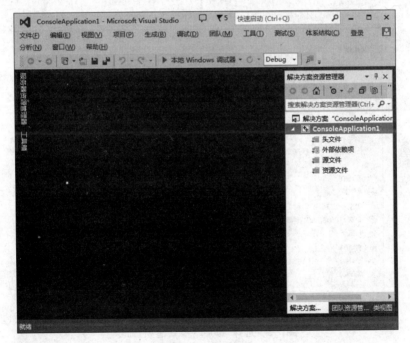

图 7-6 项目窗口

（2）在图 7-6 中的"解决方案资源管理器"窗格中，右击 ConsoleApplication1 项目中的"源文件"，出现图 7-7 所示的快捷菜单。

（3）在快捷菜单中选择"添加"→"新建项"命令，如图 7-8 所示，出现"添加新项"对话框，如图 7-9 所示。

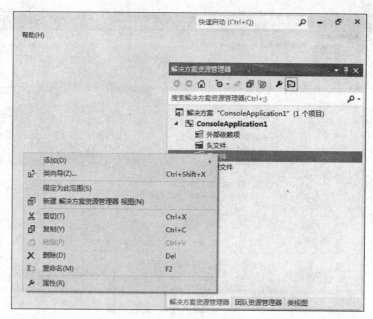

图 7-7　项目源文件的快捷菜单

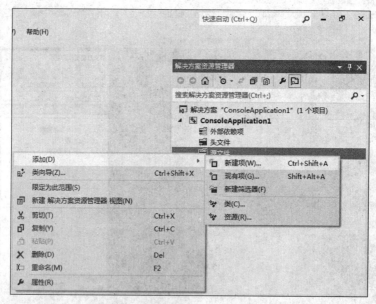

图 7-8　选择"添加"→"新建项"命令

　　(4) 在"添加新项"对话框中选择"C++ 文件(.cpp)",并在"名称"文本框中将其源程序文件名的扩展名修改为以.c 结尾(注意:不是.cpp)。如将"源.cpp"修改为"源.c",如图 7-10 所示。

　　(5) 单击"添加"按钮,出现图 7-11 所示的"源.c"文件的编辑窗口。到此,应用程序设置结束,C 语言编程环境已成功建立。

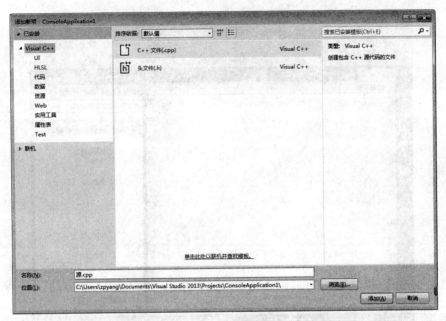

图 7-9 "添加新项"对话框

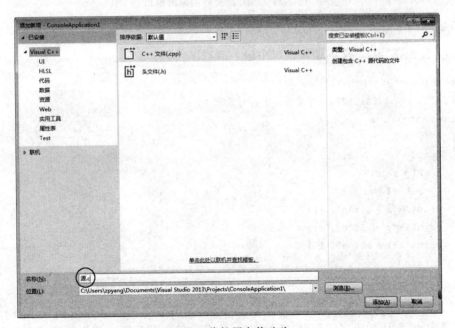

图 7-10 将扩展名修改为.c

2. 编辑、编译、链接及运行一个 C 语言程序

求解问题：已知圆半径 r（设 $r=5.0$），求圆的面积 s 和周长 l。

假设已在 D:\中创建的解决方案和项目名称均为 ConsoleApplication1，源程序文件

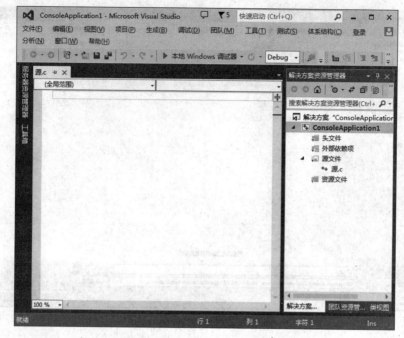

图 7-11 "源.c"文件的编辑窗口

名为"源.c"。

（1）首先在"源.c"文本编辑窗口中输入源程序代码。

```c
#include <stdio.h>
#define PI 3.1415926    //说明一个符号常量 PI
int main()
{
    double r =5.0, s, l;
    s =PI * r * r;
    l =2 * PI * r;
    printf("r =%lf\n", r);
    printf("s =%lf\n", s);
    printf("l =%lf\n", l);
    return 0;
}
```

注意：源程序代码输入后，应仔细检查一遍，及时修改输入过程中出现的各种错误（如字母大小写、语句末尾的分号、括号匹配、中英文符号等问题），并将源程序文件存盘。

输入后的代码窗口如图 7-12 所示。

（2）编译（将源代码翻译为目标代码）。选择"生成"菜单→"编译"命令，如图 7-13 所示。

编译完成后如图 7-14 所示。

大学计算机——计算、构造与设计实验指导

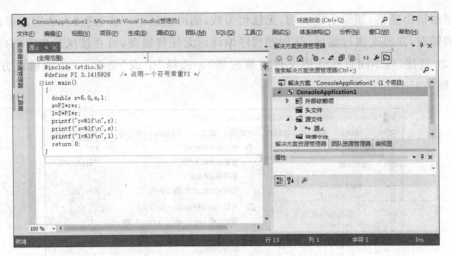

图 7-12　输入源程序代码

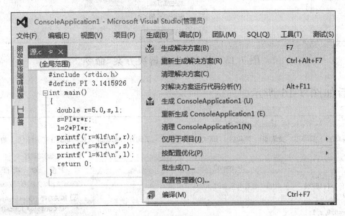

图 7-13　编译程序

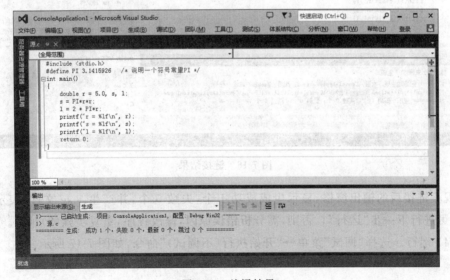

图 7-14　编译结果

观察输出窗格,如果生成成功,无任何失败,则可进行下一步(链接),否则需修改源代码中的错误,并再次执行编译(该例题程序编译后无任何错误,可直接执行步骤(3))。

(3)链接(将不同目标代码文件组装起来)。选择"生成"菜单→"生成解决方案"命令,如图 7-15 所示。

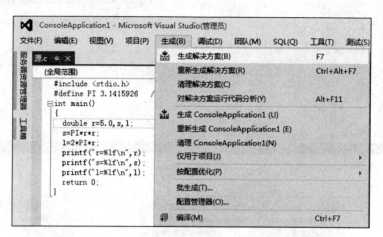

图 7-15 执行"生成解决方案"命令

链接完成后如图 7-16 所示。

图 7-16 链接结果

观察链接后的输出窗格,显示生成成功 1 个,失败 0 个,并产生.exe 文件,表示链接成功,可进行下一步"运行"。否则,需分析错误原因,修改程序,重复步骤(2)、(3)。

(4)运行。选择"调试"菜单→"开始执行(不调试)"命令,如图 7-17 所示。

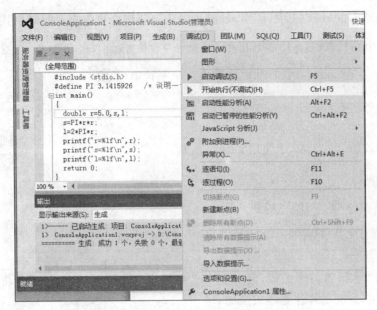

图 7-17   执行程序

该程序执行结果如下：

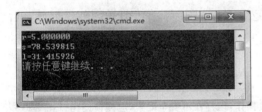

分析运行结果，如果结果正确，表示该程序调试完成，可以退出 Visual Studio 2013 集成开发环境，也可以不退出该环境，继续创建第 2 个项目、第 3 个项目……如果结果有错，则必须检查出错原因，若是程序错误，则继续修改程序，并重复步骤(2)~(4)。

简化操作步骤：

在实际应用中，可将上述(2)~(4)三步操作合并为仅执行步骤(4)，即源程序代码输入或修改后，可直接选择"调试"菜单→"开始执行(不调试)"命令或使用组合键 Ctrl＋F5。这时系统会自动按照"编译→链接→运行"顺序执行各步骤，哪一步骤出现问题，则会放弃其余步骤的执行，等待用户检查、修改。

重要提示：

出于安全考虑，Visual Basic 2013 对 ANSI C 的部分标准函数(与字符串处理有关)进行了"改进"，例如 scanf 改进后的函数为 scanf_s，strcat 改进后的函数为 strcat_s。因此，在 Visual Studio 2013 环境下编写的 C 语言程序，建议使用改进后的更安全的函数。下面给出常用的"改进"后的函数与其对应函数在使用中的区别：

(1) scanf_s 与 scanf。例如，从键盘输入一个不包含空格的字符串(长度<81)：

```
char str[81];          //定义字符数组
scanf("%s",str);       //传统用法，当输入字符串长度超过 80 时，该程序是不安全的
```

在 Visual Studio 2013 中,使用 scanf_s 输入字符串会更安全。语句格式为:

```
scanf_s("%s",str,81);   //将接收小于 81 个字符长度的字符串,否则 str 为空字符串
```

(2) gets_s 与 gets。例如,从键盘输入一个字符串(长度<81):

```
char str[81];
gets(str);              //当输入字符串长度超过 80 时,该程序是不安全的
```

在 Visual Studio 2013 中使用 gets_s 函数:

```
gets_s(str,81);      //安全的使用
```

(3) strcpy_s 与 strcpy。例如,

```
char str1[]="Hello,C",str2[5];
strcpy(str2,str1);   //传统用法
```

虽然 str2 也得到 str1 的值,但由于 str2 数组空间小于 str1,超过部分将破坏系统中的其他数据值,这样的操作是不安全的。

在 Visual Studio 2013 中使用 strcpy_s 函数:

```
strcpy_s(str2,5,str1);
```

其中 5 为 str2 数组空间大小,由于 str2 数组空间小于 str1,因此该操作不能进行,这样的用法才是安全的。

(4) strcat_s 与 strcat。例如:

```
char str1[9]="Hello,",str2[5]="c++.";
strcat(str1,str2);   //虽然完成了连接操作,但存在不安全因素,应谨慎使用
```

在 Visual Studio 2013 中使用 strcat_s 函数:

```
strcat_s(str1,9,str2);//使用该函数是安全的
```

3. 编程实验

(1) 编写程序,输入一个 3 位正整数,分别输出其中个位数字、十位数字和百位数字。例如,输入三位正整数 245,输出结果如下:

```
个位数字为:5
十位数字为:4
百位数字为:2
```

编程提示

设变量 n 接收键盘输入的 3 位正整数。取出 n 的个位数字,用 n 除以 10 取余。取出 n 的百位数字,用 n 除以 100 取整。难点:取出 n 的十位数字,可构造表达式完成,如 n/10%10 或 n%100/10。

程序参考代码

```c
#include <stdio.h>
int main()
{
    int n, a, b, c;
    printf("输入三位正整数:");
    scanf_s("%d", &n);      //可用 scanf("%d", &n);替换,但编译时有警告信息
    a =  n % 10;            //取个位数
    b =n / 10 % 10;         //取十位数
    c =n / 100;             //取百位数
    printf("输出结果如下:\n");
    printf("个位数字为:%d\n", a);
    printf("十位数字为:%d\n", b);
    printf("百位数字为:%d\n", c);
    return 0;
}
```

实验思考题

编写程序,输入一个无符号的 8 位长整型数,分别取出该整数的高端(左边)3 位、低端(右边)3 位和中间 2 位数值。

(2) 编写程序,输入 x 和 y,计算下式的函数值:

$$\frac{\sin(|x|+|y|)}{\sqrt{\cos(|x|+|y|)}}$$

其中,x、y 为角度值,计算时应转为弧度。

编程提示

应包含 math. h 头文件。度与弧度转换公式:$1° = \frac{\pi}{180}$,π 取 3.1415926。使用标准函数 $\sin(x)$、$\cos(x)$,其中 x 为弧度。注意数据类型的选用。

测试样例

x=20,y=60,函数值为 5.671281。执行结果如下:

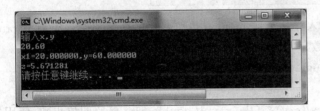

程序参考代码

```c
#include <stdio.h>
#include <math.h>
#define PI 3.1415926
int main()
```

```
{
    double x,y,x1,y1,z;
    printf("输入 x,y\n");
    scanf_s ("%lf,%lf",&x,&y);   //可用 scanf("%lf,%lf",&x,&y);替换,但编译时有警
                                    告信息
    x1=x;
    y1=y;
    x=x * PI/180;
    y=y * PI/180;
    z=sin(fabs(x)+fabs(y))/cos(fabs(x)+fabs(y));
    printf("x1=%lf,y=%lf\n",x1,y1);
    printf("z=%lf\n",z);
    return 0;
}
```

（3）输入 x、a，计算下式的函数值：

$$y = \log_a(x + \sqrt{x^2 + 1}) \quad (a > 0, a \neq 1)$$

提示：C 语言中没有以任意数 a 为底的对数函数，可以利用对数的换底公式：

$$\log_a b = \frac{\log_n b}{\log_n a}$$

编程提示

使用对数函数 log10(x)计算以 10 为底的对数，使用 log(x)计算以 e 为底的对数。

测试样例

a＝2.7182，a＝1，函数值为 0.881400。执行结果如下：

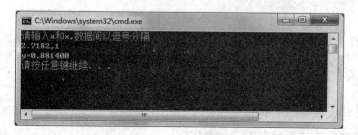

（4）计算银行存款本息。输入存款金额 money（单位：元）、存期 years、年利率 rate，计算到期存款本息（保留两位小数）。计算公式如下：

$$sum = money (1 + rate)^{years}$$

编程提示

计算 x^y 使用数学库函数 pow(x,y)，其中，x、y 为 double 型。保留两位小数，使用格式符%.2lf。

（5）输入由 4 个字母构成的颜色英文单词（如 blue、grey、pink），按行依次输出单词中的字母、该字母的 ASCII 码值以及该字母的后继字母。每行数据之间由 Tab 符分隔。例如，输入 blue，输出如下：

b	98	c
l	108	m
u	117	v
e	101	f

编程提示

一个 ASCII 字符的后继字符可以通过该字符的 ASCII 码值加 1 得到。例如：

```
char c1='A',c2;
c2=c1+1;                                          //c2 中存放的是 c1 的后继字符 B
printf("c2 中的字符是%c\n",c2);                    //输出 B
printf("c2 中的字符的 ASCII 值是%d\n",c2); //输出 66
```

程序参考代码

```
//使用 scanf 函数
#include <stdio.h>
int main()
{
    char c1, c2, c3, c4;
    char d1, d2, d3, d4;
    printf("输入: ");
    scanf("%c%c%c%c", &c1, &c2, &c3, &c4);
    d1 =c1 +1;
    d2 =c2 +1;
    d3 =c3 +1;
    d4 =c4 +1;
    printf("%c\t%d\t%c\n", c1, c1, d1);
    printf("%c\t%d\t%c\n", c2, c2, d2);
    printf("%c\t%d\t%c\n", c3, c3, d3);
    printf("%c\t%d\t%c\n", c4, c4, d4);
    return 0;
}


//使用 scanf_s 函数
#include <stdio.h>
int main()
{
    char c1, c2, c3, c4;
    printf("输入: ");
    scanf_s("%c%c%c%c", &c1,1,&c2,1, &c3,1, &c4,1);
    printf("%c\t%d\t%c\n", c1, c1, c1+1);
    printf("%c\t%d\t%c\n", c2, c2, c2+1);
    printf("%c\t%d\t%c\n", c3, c3, c3+1);
    printf("%c\t%d\t%c\n", c4, c4, c4+1);
    return 0;
}
```

实验思考

将输入的由 4 个字母构成的英文单词进行加密处理。加密规则：每个字母用其后的第 n 个字符($n<5$)替换。

（6）找零钱问题。假定有伍角、壹角、伍分、贰分和壹分共 5 种硬币，在给顾客找硬币时，一般都会尽可能的选用硬币个数最小的方法。例如，当要给某顾客找七角二分钱时，会给他 1 个伍角、2 个壹角和 1 个贰分的硬币。请编写一个程序，输入的是要找给顾客的零钱（以分为单位），输出的是应该找回的各种硬币数目，并保证找回的硬币数最少。

编程提示

从大面额到小面额依次求解。先求出五角的数目，在剩余中再求出壹角的数目，在剩余中再求出五分的数目，在剩余中再求出贰分的数目，这时的剩余即为壹分的数目。

例如，x 为应找出的零钱，那么五角的数目 wj＝x/50，而剩余 x＝x%50；壹角的数目 yj＝x/10，而剩余 x＝x%10……

（7）输入一个总的秒数，将该秒数换算为相应的时、分、秒。例如，输入 3600 秒，则输出结果为 1 小时 0 分 0 秒；输入 3610 秒，则结果为 1 小时 0 分 10 秒。注意运用除法(/)和求余(%)运算符。

编程提示

定义整型变量，x 为输入的总秒数，h 为时，m 为分，s 为秒

h＝x 除以 3600 的商。

m＝x 与 3600 求余后再除以 60 的商。

s＝x 与 60 求余。

7.2 分支结构与循环结构

一、实验目的

（1）掌握分支结构语句 if、switch 的使用。

（2）掌握循环结构语句 for、while 以及 do…while 的使用。

（3）掌握迭代和穷举编程方法。

二、实验环境

Windows 7 操作系统，Visual Studio 2013 或更高版本集成开发环境。

三、实验任务和要求

（1）输入 5 个整数，输出最大数和第二大数。

（2）输入两个数的算术式子（实现＋，－，*，/其中之一的运算），计算其算术值（使用 switch 语句）。

输入输出格式举例：

若输入：25＋8

则输出：25＋8＝33

若输入：25－8

则输出：25－8＝17

(3) 编写一个程序，寻找用户输入的几个整数中的最小值。并假定用户输入的第一个数值指定后面要输入的数值个数。例如，当用户输入数列为 5 20 15 300 9 700 时，程序应该能够找到最小数 9(使用 for 循环)。

(4) 输入多个正整数，将输入的正整数累加求和，直到输入为负数或 0 时停止读取数据，输出累加和及平均数。要求使用 while /do…while 循环结构。

(5) 输入年、月、日，求该天是该年的第多少天。例如，输入 2014 3 2，该天是 2014 年中的第 61 天(输入公元日期，大月 31 天，小月 30 天，闰年 2 月 29 天，平年 2 月 28 天)。

(6) 有一个分数序列：

$$\frac{2}{1}, \frac{3}{2}, \frac{5}{3}, \frac{8}{5}, \frac{13}{8}, \frac{21}{13}, \cdots$$

即后一项的分母为前一项的分子，后一项的分子为前一项分子与分母之和。求其前 n 项之和(n 从键盘输入，使用 for 循环控制)。

(7) 找出 2～200 之间的孪生素数。所谓孪生素数是指间隔为 2 的相邻素数。例如，最小的孪生素数是 3 和 5，5 和 7 也是。

(8) 输入若干个英文单词，单词间用空格分隔(1 个或多个空格)，统计单词数目。

(9) 用二分迭代法求以下方程在($-10, 10$)之间的近似解：

$$2x^3 - 4x^2 + 3x - 6 = 0$$

(10) 整数除法测试。随机出 10 道除法题(两位数除以一位数，避免除数为 0)，每显示一道题，学生作答并输入答案(商和余数)，同时程序给出答案"正确"或"错误"的评判信息。无论答案正确与否，均继续下一题。10 道题完成后，最后输出答对的题数及分数(假设每题 10 分)。例如：

第 1 题：56 / 3 ＝

商：18

余数：1

错误

第 2 题：16 / 8 ＝

商：2

余数：0

正确

…

(11) 找出 100 以内的勾股数。使用循环嵌套的结构找出 100 以内的勾股数，要求找出 3 个数 a、b、c，它们满足以下的条件：

$$a^2 + b^2 = c^2，且 a < b < c$$

(12) 一个采购员去银行兑换一张 d 元 c 分的支票，结果出纳员错给了 c 元 d 分。采购员用去了 23 分之后才发觉有错，于是清点了余额，尚有 $2d$ 元 $2c$ 分，问该支票面额是多少？

(13) 某地发生了一起犯罪案件,警察经过审问,做出了以下判断:

① A、B 至少有 1 人作案。

② A、E、F 中至少有 2 人参与作案。

③ A、D 不可能都是案犯。

④ B、C 或同时作案,或与本案无关。

⑤ C、D 中有且仅有 1 人作案。

⑥ 如果 D 没有参与作案,那么 E 也不可能参与作案。

请利用学过的关于逻辑运算和流程控制的方法设计解答方案,并编程输出所有的案犯。

四、实验指导

(1) 输入 5 个整数,输出最大数和第二大数。

编程提示

① 不使用循环结构。

设 7 个变量 a、b、c、d、e、max1、max2,其中 max1、max2 分别存放最大数和第二大数,初值为前两个数(a 和 b)中的大数和小数。

用 c 与 max1 比较,如果 c 大于 max1,那么令 max2=max1,max1=c;否则,用 c 与 max2 比较,如果 c 大于 max2,那么令 max2=c。这时,max1 和 max2 为前 3 个数的最大数和第二大数。

照此方法,可确定前 4 个数、前 5 个数的最大数和第二大数。

② 使用循环结构。

设变量 i、x、max1、max2,其中 max1、max2 分别存放最大数和第二大数。先输入两个数,将其中的大数作为 max1 的初值,小数作为 max2 的初值。利用 for 循环处理其余各个数。循环控制结构如下:

```
for(i=1;i<=3;i++)
{
    输入一个数 x
    用 x 与 max1 比较
        如果 x 大于 max1,那么令 max2=max1,max1=x
        否则,用 x 与 max2 比较,如果 x 大于 max2,那么令 max2=x
}
```

输出 max1 和 max2

测试样例

程序参考代码

```c
//不使用循环结构
#include <stdio.h>
int main()
{
    int a,b,c,d,e,max1,max2;
    printf("输入 5 个整数：\n");
    scanf_s("%d,%d,%d,%d,%d",&a,&b,&c,&d,&e);
    if(a>b)
    {
        max1=a;
        max2=b;
    }
    else
    {
        max1=b;
        max2=a;
    }
    if(c>max1)
    {
        max2=max1;
        max1=c;
    }
    else if(c>max2)
        max2=c;
    if(d>max1)
    {
        max2=max1;
        max1=d;
    }
    else if(d>max2)
        max2=d;
    if(e>max1)
    {
        max2=max1;
        max1=e;
    }
    else if(e>max2)
        max2=e;
    printf("最大数=%d,第 2 大数=%d\n",max1,max2);
    return 0;
}
```

```
//使用循环结构
#include <stdio.h>
int main()
{
    int i,x,max1,max2;
    printf("输入 5 个整数：\n");
    scanf_s("%d%d",&max1,&max2);
    if(max1<max2)
    {
        x=max1;
        max1=max2;
        max2=x;
    }
    for(i=1;i<=3;i++)
    {
        scanf_s("%d",&x);
        if(x>max1)
        {
            max2=max1;
            max1=x;
        }
        else if(x>max2)
            max2=x;
    }
    printf("最大数=%d,第 2 大数=%d\n",max1,max2);
    return 0;
}
```

（2）输入两个数的算术式子（实现＋，－，＊，/其中之一的运算），计算其算术值（使用 switch 语句）。

输入输出格式举例：

若输入：25＋8

则输出：25＋8＝33

若输入：25－8

则输出：25－8＝17

编程提示

算术式子使用 3 个变量接收。例如，输入语句

```
sacnf_s("%lf%c%lf",&x,&op,1,&y);
```

其中 x、y 接收运算对象，op 接收运算符，仅接收一个字符。

switch 控制结构如下：

```
switch(op)
```

```
{
    case'+': z=x+y;break;
    case'-': z=x-y;break;
    ...
}
```

测试样例

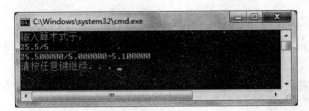

（3）输入多个正整数，将输入的正整数累加求和，直到输入为负数或 0 时停止读取数据，输出累加和及平均数。要求使用 while /do…while 循环结构。

编程提示

设以下变量：累加和变量 sum，初值为 0；统计正数个数的变量 i，初值为 0。平均值为 sum/i 的计算结果。

程序控制结构如下：

```
输入下一个数 x；
while(x>0)
{
    累加求和
    统计正数个数
    输入下一个数 x
}
```

或

```
while(1)
{
    输入下一个数 x
    if(x>0)
      {
        累加求和；
        统计正数个数；
      }
    else
      break;    //跳出 while 循环
}
```

或

```
do{
```

```
    输入下一个数 x
    if(x>0)
      {
        累加求和
        统计正数个数
      }
}while(x>0);
```

（4）输入年、月、日，求该天是该年的第多少天。例如：输入 2014 3 2，该天是 2014 年中的第 61 天(输入公元日期，大月 31 天，小月 30 天，闰年 2 月 29 天，平年 2 月 28 天)。

编程提示

设 year 代表年份，month 代表月份，day 代表日，1 到 month－1 的天数计算方法如下：

```
for(i=1;i<month;i++)
{
    switch(i)
    {
        case 1:case 3:case 5:case 7:case 8:case 10:case 12:sum+=31;break;
        case 4:case 6:case 9:case 11:sum+=30;break;
        case 2:如果 year 是闰年，则 sum+=29;否则 sum+=28;
    }
}
```

测试样例

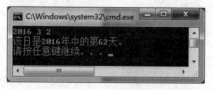

（5）找出 2～200 之间的孪生素数。所谓孪生素数是指间隔为 2 的相邻素数。例如，最小的孪生素数是 3 和 5,5 和 7 也是。

编程提示

```
for(i=2;i<200;i++)
{
    判断 i 是否为素数
    如果 i 是素数
    {
```

```
        判断 i+2 是否为素数;
        如果 i+2 是素数,则输出 i 和 i+2;
    }
}
```

（6）输入若干个英文单词,单词间用空格分隔（1 个或多个空格）,统计单词数目。

算法描述

一次读一个字符,如果该字符为空格,置 flag 为 1;否则（非空格字符）,如果 flag 为 1,即遇到新单词,则 Num++,同时令 flag=0。重复以上过程,直到遇到换行符结束。

```
while((ch=getchar())!='\n')
{
    if(ch=='')flag=1;
    else if(flag==1)
    {   Num++
        flag=0;
    }
}
```

编程提示

flag 用作读入字符为空格或非空格的标志变量,取值 0 和 1。约定:flag=1 为空格,flag=0 为非空格,其初值为 1。Num 用作统计单词数目的变量,初值为 0。

测试样例

（7）用二分迭代法求以下方程在（-10,10）之间的近似解:

$$2x^3 - 4x^2 + 3x - 6 = 0$$

算法描述

首先假设方程 $f(x)=0$ 有两个粗略的解 x_1 和 x_0（即初值）,对初值的要求如下:①$f(x_1)$ 和 $f(x_0)$ 符号相反;②$f(x)$ 在 (x_1,x_0) 内单调升或单调降。然后取 (x_1,x_0) 的中点（二分）x 作为近似解,如果 $|f(x)|$ 满足精度要求,输出 x,则算法结束;否则用 x 替代 x_1 或 x_0,使新的区间仍满足初值要求,继续找下一个近似解。

编程提示

```
x0=-10,x1=10    //置初值
x=(x1+x0)/2
计算 y0=f(x)
while(|y0|>eps) //eps 取 1.0e-7
```

```
{   计算 y1=f(x1)
    if(y0 * y1<0)x0=x;
    else x1=x;
    x=(x1+x0)/2
    计算 y0=f(x)
}
输出 x
```

测试样例

(8) 整数除法测试。随机出 10 道除法题(两位数除以一位数,避免除数为 0),每显示一道题,学生作答并输入答案(商和余数),同时程序给出答案"正确"或"错误"的评判信息。无论答案正确与否,均继续下一题。10 道题完成后,最后输出答对的题数及分数(假设每题 10 分)。例如:

```
第 1 题: 56 / 3 =
商: 18
余数: 1
错误
第 2 题: 16 / 8 =
商: 2
余数: 0
正确
...
```

编程提示

调用随机数产生函数 rand( )可产生 0～32 767 的任意一个整数。使用表达式 rand( )％90＋10 获得两位整数(在 10～99 之间),使用表达式 rand( )％10 获得一位整数。

循环控制出 10 道题,每循环一次,随机出一题,并计算出该题的标准答案(商和余数),接收学生答案并与标准答案比较,给出相应的提示信息并统计答对的题数。最后输出答对的题数和分数。

注意:程序中应防止除数为 0 的情况,当除数为 0 时,再生成一个,直到除数不为 0 为止。可使用如下循环结构实现:

```
while(1)
{
  y=.rand()%10;    //y 为除数
  if(y!=0)break;
}
```

测试样例

程序参考代码

```c
#include <stdio.h>
#include <stdlib.h>
int main()
{
    int x,y,ans1,ans2,y1,y2,sum,i;
    sum=0;
    printf("整数除法测试开始...\n");
    for(i=1;i<=10;i++)
    {
        x=rand()%90+10; //产生两位整数
        while(1)
        {
            y=rand()%10;  //产生一位整数
            if(y!=0)break;
        }
        ans1=x/y;
        ans2=x-ans1*y;
        printf("第%d题: %d/%d=\n",i,x,y);
        printf("商: ");
        scanf("%d",&y1);
        printf("余数: ");
        scanf("%d",&y2);
        if(y1==ans1&&y2==ans2)
```

```
        {
            sum++;
            printf("正确\n");
        }
        else
            printf("错误\n");
    }
    printf("测试结束!\n");
    printf("答对%d题,得分%d\n",sum,sum*10);
    return 0;
}
```

(9) 找出 100 以内的勾股数。使用循环嵌套的结构找出 100 以内的勾股数,要求找出 3 个数 a、b、c,它们满足以下的条件:

$$a^2+b^2=c^2, \quad 且\ a<b<c$$

编程提示

穷举 1~99 之间的每一个 a、b、c,输出满足给定条件的 a、b、c。

```
for(a=1;a<100;a++)
    for(b=1;b<100;b++)
        for(c=1;c<100;c++)
            如果 a^2+b^2=c^2 成立,同时 a<b<c 成立
            则输出 a,b,c
```

或

```
for(a=1;a<100;a++)
    for(b=a+1;b<100;b++)
        for(c=b+1;c<100;c++)
            如果 a^2+b^2=c^2 成立
            则输出 a,b,c
```

测试样例

(10) 一个采购员去银行兑换一张 d 元 c 分的支票,结果出纳员错给了 c 元 d 分。采购员用去了 23 分之后才发觉有错,于是清点了余额,尚有 $2d$ 元 $2c$ 分,问该支票面额是多少?

编程提示

假定 1 元＝100 分,根据题意可以推断出 d 和 c 的取值范围均在 0～99 之间。穷举 0～99 中的每一个 d 和 c,判断是否满足条件 $c*100+d-23=2*d*100+2*c$,输出满足上述条件的 d 和 c 即可。

控制结构如下:

```
for(d=0;d<100;d++)
    for(c=0;c<100;c++)
        如果 c*100+d-23=2*d*100+2*c 条件成立,则输出 d 和 c
```

测试样例

25 元 51 分

(11) 某地发生了一起犯罪案件,警察经过审问,做出了以下判断:

① A、B 至少有 1 人作案。

② A、E、F 中至少有 2 人参与作案。

③ A、D 不可能都是案犯。

④ B、C 或同时作案,或与本案无关。

⑤ C、D 中有且仅有 1 人作案。

⑥ 如果 D 没有参与作案,那么 E 也不可能参与作案。

请利用学过的关于逻辑运算和流程控制的方法设计解答方案,并编程输出所有的案犯。

算法分析

这是一道推理题。解决该问题的一般方法:对 A～F 六个人所有可能情况进行推断。例如,针对 A"没有作案"和"作案"两种情况,分别对 B～F 五个人所有可能情况进行推断;针对 B"没有作案"和"作案"两种情况,分别对 C～F 四个人所有可能情况进行推断;针对 C"没有作案"和"作案"两种情况,分别针对 D～F 三个人所有可能情况进行推断;针对 D"没有作案"和"作案"两种情况,分别对 E～F 两个人所有可能情况进行推断;针对 E"没有作案"和"作案"两种情况,分别对 F"没有作案"和"作案"两种情况进行推断。按照 A～F 的当前取值,若题目中①～⑥条件同时成立,输出 A～F,从中可以看出谁是案犯。

编程提示

约定:对"没有作案"和"作案"两种情况分别用 0 和 1 表示。该程序的控制结构如下:

```
for(a=0;a<=1;a++)
    for(b=0;b<=1;b++)
        for(c=0;c<=1;c++)
            for(d=0;d<=1;d++)
                for(e=0;e<=1;e++)
                    for(f=0;f<=1;f++)
```

```
                {
                    如果①~⑥同时满足,则输出 a、b、c、d、e、f
                }
```

题目中①~⑥各判断式表示如下：

```
int t1,t2,t3,t4,t5,t6;
t1=a+b>=1;              //t1=a==1 || b==1;
t2=a+e+f>=2;
t3=a+d<2;
t4=b+c==2||b+c==0;      //t4=a==1 && b==1 || a==0 && b==0;
t5=c+d==1;
t6=d+e==0;              //t6=d==0 && e==0;
```

测试样例

A-作案
B-作案
C-作案
D-没有作案
E-没有作案
F-作案

程序参考代码

```
#include <stdio.h>
int main()
{
    int a, b, c, d, e, f;
    for (a =0; a <=1; a++)
    for (b =0; b <=1; b++)
    for (c =0; c <=1; c++)
    for (d =0; d <=1; d++)
    for (e =0; e <=1; e++)
    for (f =0; f <=1; f++)
    {
        int t1, t2, t3, t4, t5, t6;
        t1 =a +b >=1;
        t2 = (a +e +f) >=2;
        t3 =a +d<2;
        t4 =b +c ==2 || b +c ==0;
        t5 =c +d ==1;
        t6 =d +e ==0;
        if (t1 && t2 && t3 && t4 && t5 && t6)
        {
            printf(a ==1 ? "A-作案\n" : "A -没有作案\n");
            printf(b ==1 ? "B-作案\n" : "B -没有作案\n");
```

```
        printf(c ==1 ? "C-作案\n" : "C -没有作案\n");
        printf(d ==1 ? "D-作案\n" : "D -没有作案\n");
        printf(e ==1 ? "E-作案\n" : "E -没有作案\n");
        printf(f ==1 ? "F-作案\n" : "F -没有作案\n");
        }
    }
    return 0;
}
```

第 **8** 章 数组、函数和指针

8.1 数组与结构体

一、实验目的

(1) 掌握数组的使用。

(2) 掌握字符串的处理方法。

(3) 掌握结构体的使用

二、实验环境

Windows 7 操作系统，Visual Studio 2013 或更高版本集成开发环境。

三、实验任务和要求

(1) 一维数组的使用。编写程序，定义 10 个元素的一维整型数组，输入任意 10 个整数，将数组中最大元素与数组首元素进行兑换。输出兑换后的数组各元素值以及最大元素所在原数组中的下标。

(2) 使用一维数组来求斐波那契数列的第 n 项和前 n 项之和(n 从键盘输入)。

斐波那契数列形如

$$0, 1, 1, 2, 3, 5, 8, 13, \cdots$$

其通项为

$$F_0 = 0$$
$$F_1 = 1$$
$$F_n = F_{n-1} + F_{n-2}$$

(3) 二维数组的使用。编写程序，将一个 4 阶方阵转置。例如：

$$\begin{bmatrix} 4 & 6 & 8 & 9 \\ 2 & 7 & 4 & 5 \\ 3 & 8 & 16 & 15 \\ 1 & 5 & 7 & 11 \end{bmatrix} \Longrightarrow \begin{bmatrix} 4 & 2 & 3 & 9 \\ 6 & 7 & 8 & 5 \\ 8 & 4 & 16 & 7 \\ 9 & 5 & 15 & 11 \end{bmatrix}$$

转置前的方阵A 转置后的方阵A

(4) 矩阵相乘。设有矩阵 $\boldsymbol{A}_{m \times l}$ 和矩阵 $\boldsymbol{B}_{l \times n}$，则其乘积为一个 m 行 n 列的矩阵 $\boldsymbol{C}_{m \times n}$，即

$$\boldsymbol{C}_{m \times n} = \boldsymbol{A}_{m \times l} \times \boldsymbol{B}_{l \times n}$$

其中

$$C_{ij} = \sum_{k=1}^{l} A_{ik} \times B_{kj} \quad (i = 1, 2, \cdots m; j = 1, 2, \cdots, n)$$

并假设 $m = 3, l = 4, n = 2$。

(5) 输入一个字符串，分别统计每个英文字母出现的个数(不区分大小写字母)。例如：

输入：123abcAABXxwvUu+

输出：A-3,B-2,C-1,D-0,E-0,F-0,G-0,H-0,I-0,J-0,K-0,L-0,…,U-2,V-1,W-1,X-2,Y-0,Z-0

(6) 字符串加密。输入一个字符串(含空格及其他任意字符，且长度<81)，对其中字母字符进行加密处理，其余非字母字符不变。加密方法：对所有字母用其后的第 4 个字母进行替换(将 26 个英文字母看成一个环状，即 z 的下一个字母为 a，Z 的下一个字母为 A)。输出加密后的字符串。

(7) 定义包含 5 个字符串的字符数组，键盘输入 5 个字符串，找出最大字符串并输出。

(8) 定义一个名为 Complex 的复数结构体类型，其成员为复数的实部和虚部。在 main 函数中实现两个复数的加、减运算，并按如下格式输出计算结果：

(1.0,3.5) + (2.5,1.3) = (3.5,4.8)
(1.0,3.5) - (2.5,1.3) = (-1.5,2.2)

(9) 词频统计。输入一系列英文单词，单词之间用空格隔开，用 xyz 表示结束输入，统计输入过哪些单词以及各单词出现的次数，统计时区分大小写字母(提示：利用结构体类型描述单词和词频)。

(10) 一个数组 A 中存有 $n(n>0)$ 个整数，在不允许使用另外的数组的前提下，将每个整数循环向右移 $m(m \geqslant 0)$ 个位置，即将 A 中的数据由 $(A_0 A_1 \cdots A_{n-1})$ 变换为 $(A_{n-m} \cdots A_{n-1} A_0 A_1 \cdots A_{n-m-1})$(最后 m 个数循环移至最前面的 m 个位置上)。输入 $n(1 \leqslant n \leqslant 100)$、$m(m \geqslant 0)$ 及 n 个整数，输出循环右移 m 位以后的整数序列。例如：

输入：

6 2
1 2 3 4 5 6

输出：

5 6 1 2 3 4

四、实验指导

(1) 一维数组的使用。编写程序，定义 10 个元素的一维整型数组，输入任意 10 个整

数,将数组中最大元素与数组首元素进行兑换。输出兑换后的数组各元素值以及最大元素所在原数组中的下标。

编程提示

设数组为 a,并增设一个记录最大元素下标的变量 k,其初值为 0(0 为数组中首元素的下标,即假设数组首元素最大)。接着让 $a[1],a[2],a[3],\cdots,a[i],\cdots,a[8],a[9]$ 逐一与 $a[k]$ 比较(用循环语句控制),如果 $a[i]>a[k]$,则令 $k=i$(k 中存放最大元素的下标)。当所有元素比较完成后,$a[k]$ 即为 a 数组的最大元素,这时将 $a[k]$ 与 $a[0]$ 元素进行交换。

程序参考代码

```c
#include <stdio.h>
int main()
{
    //定义程序中需要的变量以及一维数组
    int a[10],i,k,temp;
    printf("输入 10 个整数:\n");
    //输入数组各元素值
    for (i=0; i<10; i++)
        scanf_s("%d", &a[i]);
    k=0;    //记录数组中最大值元素的下标,并假设下标为 0 的元素值最大
    //寻找最大值
    for (i=1; i<10;i++)
    if (a[i]>a[k])
        k=i;
    //交换 a[0]与 a[k]
    temp=a[0];
    a[0]=a[k];
    a[k]=temp;
    //输出 a 数组,每个数据占 4 位宽度
    printf("数组的最大值与第一个元素交换后结果:\n");
    for (i=0; i<10; i++)
        printf("%4d", a[i]);
    printf("\n");
    return 0;
}
```

实验思考题

解决该题使用下面的算法是否更合理? 为什么?

设数组为 a,并增设一个记录最大元素下标的变量 k,其初值为 0(0 为首元素的下标,即假设数组首元素值最大)。接着让 $a[1],a[2],a[3],\cdots,a[i],\cdots,a[8],a[9]$ 逐一与 $a[0]$ 比较(用循环语句控制),如果 $a[i]>a[0]$,则将 $a[i]$ 与 $a[0]$ 交换,同时令 $k=i$(k 中存放最大元素的下标)。

(2)使用一维数组来求斐波那契数列的第 n 项和前 n 项之和(n 从键盘输入)。

斐波那契数列形如

$$0, 1, 1, 2, 3, 5, 8, 13, \cdots$$

其通项为

$$F_0 = 0$$
$$F_1 = 1$$
$$F_n = F_{n-1} + F_{n-2}$$

编程提示

如何定义 n 个元素的一维数组？通常的做法是预先定义一个较大的定长数组（如定义 100 个元素的数组），程序运行时从键盘输入一个 n 值，只要该值不超过预先定义的数组长度，就可实现访问 n 个元素的一维数组的目的（缺点是：因必须预先定义大数组，有时会造成内存空间的浪费。学习了指针类型后可以更有效地解决该问题）。

关键代码

```
int f[100]={0.1};//数列前两项作为数组初值
int i,n,sum;
printf("请输入n: ");
scanf("%d",&n);
sum=1;               //前两项的和
for(i=2;i<=n;i++)
{
    计算第 i 项 f[i]
    累加第 i 项
}
```

（3）二维数组的使用。编写程序，将一个 4 阶方阵转置，例如：

转置前的方阵 A 转置后的方阵 A

编程提示

定义一个 4×4 的二维数组 A，初始值为转置前的方阵 A 的数据（直接初始化），不定义其他数组，将二维数组 A 中元素行列互换（$A[i][j]$ 与 $A[j][i]$ 互换），得到转置矩阵 A，并按 4 行 4 列输出转置矩阵 A。

```
for(i=0;i<3;i++)
    for(j=i+1;j<4;j++)
        A[i][j]与 A[j][i]互换
```

实验思考题

如果求 $N(N \leqslant 10)$ 阶方阵的转置，如何修改程序？

（4）矩阵相乘。设有矩阵 $A_{m \times l}$ 和矩阵 $B_{l \times n}$，则其乘积为一个 m 行 n 列的矩阵 $C_{m \times n}$，即

$$C_{m \times n} = A_{m \times l} \times B_{l \times n}$$

其中

$$C_{ij} = \sum_{k=1}^{l} A_{ik} \times B_{kj} \quad (i = 1, 2, \cdots, m; j = 1, 2, \cdots, n)$$

并假设 $m=3, l=4, n=2$。

编程提示

方法一,使用二维数组。算法描述如下:

```
#define m 3
#define l 4
#define n 2
int a[m][l],b[l][n],c[m][n];
输入 a 矩阵
输入 b 矩阵
//实现矩阵乘法
for(i=0;i<m;i++)
    for(j=0;j<n;j++)
    {
        c[i][j]=0;
        for(k=0;k<l;k++)
            c[i][j]+=a[i][k]*b[k][j];
    }
```

方法二,用一维数组模拟二维数组。

因二维数组按行次序映射到内存中的"一个一维数组",这时二维数组 i 行 j 列元素等同于下标为 $i \times$ 列数 $+j$ 的一维数组元素。同样,如果使用一维数组按行次序存放一个二维数组,那么该一维数组也可看作是一个二维数组,这时下标为 $i \times$ 列数 $+j$ 的一维数组元素正好对应二维数组中的第 i 行 j 列元素。

例如,有如下矩阵:

$$\begin{bmatrix} 4 & 6 & 8 & 9 \\ 2 & 7 & 4 & 5 \\ 3 & 8 & 16 & 15 \\ 1 & 5 & 7 & 11 \end{bmatrix}$$

使用二维数组表示:

```
int x[4][4]={{4,6,8,9},{2,7,4,5},{3,8,16,15},{1,5,7,11}};
```

这时,x[i][j]表示矩阵的 i 行 j 列元素。

若使用一维数组表示:

```
int y[4*4]={4,6,8,9,2,7,4,5,3,8,16,15,1,5,7,11};
```

这时,y[i*4+j]也表示该矩阵的 i 行 j 列元素。

部分算法描述如下：

```
#define l 4
#define n 2
int a[m*l],b[l*n],c[m*n];
输入 a 矩阵
输入 b 矩阵
/*计算 c=a*b */
for(i=0;i<m;i++)
    for(j=0;j<n;j++)
        {
            c[i行j列]=0;
                for(k=0;k<l;k++)
                    c[i行j列]+=a[i行k列]*b[k行j列];
        }
```

(5) 输入一个字符串，分别统计每个英文字母出现的个数（不区分大小写字母）。例如：

输入：123abcAABXxwvUu+

输出：A-3，B-2，C-1，D-0，E-0，F-0，G-0，H-0，I-0，J-0，K-0，L-0，…，U-2，V-1，W-1，X-2，Y-0，Z-0

编程提示

定义字符数组 str（假设最大长度不超过 80），接收键盘输入的字符串。定义 26 个元素的整型数组 s，其初值为 0，用于统计 26 个英文字母出现的个数。如 s[0]统计字母 A 和 a 的出现的个数，s[1]统计字母 B 和 b 的出现的个数……s[25]统计字母 Z 和 z 的出现的个数。

算法描述如下：

```
i=0;
while( str[i]!=\0')
{   if str[i]是英文字母
    {
        if str[i]是小写字母
            ch=str[i]-32
        else
            ch=str[i]
        s[ch-'A']++;  //s[0]统计字母 A,s[1]统计字母 B……s[25]统计字母 Z
    }
    i++;
}
输出统计结果 s
```

(6) 字符串加密。输入一个字符串（含空格及其他任意字符，且长度<81），对其中字母字符进行加密处理，其余非字母字符不变。加密方法：对所有字母用其后的第 4 个字

母进行替换(将 26 个英文字母看成一个环状,即 z 的下一个字母为 a,Z 的下一个字母为 A)。输出加密后的字符串。

编程提示

定义字符数组 str,使用 gets()函数输入字符串(可包含空格字符)。算法描述如下:

```
i=0;
while(str[i]!='\0')
{   if str[i]是英文字母
       str[i]+=4 ;   //用其后第 4 个字符替换
    if ( str[i]>'Z'且 str[i]<='Z'+4) 或 str[i]>'z'   //越过'Z'或'z',继续用'A'-'D'或
                                                           'a'-'d'
       str[i]=str[i]-26;
    i++;
};
输出 str
```

(7) 定义包含 5 个字符串的字符数组,键盘输入 5 个字符串,找出最大字符串并输出。

编程提示

使用二维字符数组可以存放多个字符串。如 char str[5][81],二维数组 str 可以存放 5 个字符串,并且每个字符串长度不超过 80。使用 str[i]可访问二维数组 str 中第 i 个字符串(i 从 0 到 4 变化)。寻找最大字符串算法与寻找最大数算法相同,只须注意使用字符串处理函数,如赋值操作应使用字符串复制函数 strcpy,比较大小应使用字符串比较函数 strcmp 等。

(8) 定义一个名为 Complex 的复数结构体类型,其成员为复数的实部和虚部,在 main 函数中实现两个复数的加、减运算,并按如下格式输出计算结果:

```
(1.0,3.5) + (2.5,1.3) = (3.5,4.8)
(1.0,3.5) - (2.5,1.3) = (-1.5,2.2)
```

编程提示

定义 Complex 类型和变量,并初始化。

```
struct Complex
{
    double re;
    double im;
};
struct Complex a={1.0,3.5},b={2.5,1.3},c,d;
//计算 c=a+b
    c.re=a.re+b.re;
    c.im=a.im+b.im;
//输出 c
printf("(%.1lf,%.1lf)+(%.1lf,%.1lf)=(%.1lf,%.1lf)\n",a.re,a.im,b.re,b.im,
```

```
c.re,c.im);
```

（9）词频统计。输入一系列英文单词，单词之间用空格隔开，用 xyz 表示结束输入，统计输入过哪些单词以及各单词出现的次数，统计时区分大小写字母（提示：利用结构体类型描述单词和词频）。

编程提示

该题目不仅关心单词本身，还关心该单词出现的频数，这样的组合数据可通过结构体类型加以描述，例如：

```
struct wordfre
{
    char words[21];    //单词长度≤20
    int fre;
};
```

可预先定义一个较大空间的 wordfre 类型数组 ws（假设最多统计 100 个单词），数组的实际单词数由变量 Num 记录，Num 的初值为 0。

算法描述如下：

读入一个单词到 str 中；
while(str 不是"xyz")
{
　　首先在 ws 数组的前 Num 个元素中查找 str，如果找到，则给该单词的频数加 1；否则，str 即
　　为新单词，将其添加到 ws 数组中，并将其词频数置 1，同时 Num 加 1（新增一个单词）
　　读入下一个单词到 str 中，继续循环
}

测试样例

程序参考代码

```
//词频统计
#include <string.h>
//定义结构类型 struct wordfre
struct wordfre
{
    char words[21];         //单词长度限制在 20 以内
    int fre;                //频数
};
#define N 100
```

```
int main()
{
    struct wordfre ws[N];
    char str[N];
    int Num =0, i;
    printf("输入以空格分隔的单词,以 xyz 作为结束。\n");
    scanf("%s", str);        //可替换为 scanf_s("%s", str,N);
    while (strcmp(str, "xyz") !=0)
    {
        for (i =0; i<Num; i++)
        if (strcmp(ws[i].words, str) ==0)break;
        if (i<Num)
            ws[i].fre++;
        else
        {
            strcpy(ws[i].words, str);   //可替换为 strcpy_s(ws[i].words,N, str);
            ws[i].fre =1;
            Num++;
        }
        scanf("%s", str);  //可替换为 scanf_s("%s", str,N);
    }
    for (i =0; i<Num; i++)
        printf("%s-%d ", ws[i].words, ws[i].fre);
    printf("\n");
    return 0;
}
```

(10) 一个数组 A 中存有 $n(n>0)$ 个整数,在不允许使用另外数组的前提下,将每个整数循环向右移 $m(m \geqslant 0)$ 个位置,即将 A 中的数据由 $(A_0 A_1 \cdots A_{n-1})$ 变换为 $(A_{n-m} \cdots A_{n-1} A_0 A_1 \cdots A_{n-m-1})$(最后 m 个数循环移至最前面的 m 个数)。输入 $n(1 \leqslant n \leqslant 100)$、$m(m \geqslant 0)$ 及 n 个整数,输出循环右移 m 位以后的整数序列。例如:

输入:

6 2
1 2 3 4 5 6

输出:

5 6 1 2 3 4

编程提示

预先定义一个大数组 A(如数组组长度为 100),定义变量 n 和 m,其中 n 为 A 数组中整数个数,m 为向右移动 m 个位置,n 和 m 从键盘输入。之后键盘输入 n 个整数作为 A 数组的初值。

移动算法:

每次右移一个位置,共移动 m 次

```
for(i=1;i<=m; i++)
{
    将 A[n-1]保存到 x 变量中;(保存数组 A 的最右端的一个元素)
    将 A[n-2]-A[0]共 n-1 个元素依次向右移动一个位置,使用如下循环结构:
    for(j=n-2;j>=0;j--)
        A[j+1]=A[j];
    将 x 给 A[0]
}
```

测试样例

程序参考代码

```
#define LEN 100    //LEN 为数组最大长度
int main()
{
    int a[LEN], n, m, i, j;
    printf("输入 n 和 m:\n");
    scanf("%d%d", &n, &m);
    for (i =0; i<n; i++)
    {
        scanf("%d", &a[i]);
    }
    for (i =1; i <=m; i++)
    {
        int x =a[n -1];
        for (j =n -2; j >=0; j--)
            a[j +1] =a[j];
        a[0] =x;
    }
printf("输出:\n");
    for (i =0; i<n; i++)
    {
        printf("%d ", a[i]);
    }
    printf("\n");
    return 0;
}
```

8.2 函　　数

一、实验目的

(1) 掌握函数的定义与调用。
(2) 掌握字符串处理函数的编写。
(3) 掌握递归函数的使用。

二、实验环境

Windows 7 操作系统，Visual Studio 2013 或更高版本集成开发环境。

三、实验任务和要求

(1) 编写函数 isprime(int a)用来判断 a 是否为素数，若是素数，函数返回 1，否则返回 0。调用该函数找出任意给定的 n 个整数中的素数。

(2) 编写程序计算 $p=n!/(m!(n-m)!)(n>m)$，其中阶乘的计算写成函数。调用该函数计算当 $n=10,m=3$ 时 p 的值。

(3) 用牛顿迭代法(简称牛顿法)求方程 $2x^3-4x^2+3x-6=0$ 在 1.5 附近的根。

提示：牛顿迭代法解非线性方程根的迭代公式为

$$x_{n+1} = x_n - \frac{f(x_n)}{f'(x_n)}$$

其中，$f'(x_n)$ 是 f 在 x_n 处的导数。

(4) 输入 n 个学生 m 门课的成绩，分别用函数实现以下功能：

① 计算每个学生平均分

② 找出所有 $n \times m$ 个分数中的 最高分所对应的学生和课程。

③ 计算平均分方差：

$$\sigma = \frac{1}{n} \sum x_i^2 - \left(\frac{\sum x_i}{n} \right)^2$$

其中，x_i 为 某一学生的平均分。

(5) 编写字符串查找函数 mystrchr()，该函数的功能为在 string 字符串中查找字符 c，如果找到则返回该字符在字符串中的位置(即索引号)，否则返回-1。并编写主函数验证之。函数原型为

```
int mystrchr(char string[], char c);
```

(6) 编写递归函数 gcd(int,m,int n)求 m 和 n 的最大公约数。调用该函数求任意给定的 n 对正整数的最大公约数。

(7) 利用递归函数求解猴子吃桃问题。猴子在第一天摘下若干个桃子，当即就吃了一半，又感觉不过瘾，于是就多吃了一个。以后每天如此，到第 10 天时只剩下了一个桃

子。编程计算第一天猴子摘的桃子个数。

(8) 编写一个函数,将一个十进制整数 n 转换为十六进制数(用字符串表示,存放到 str 字符数组中)。函数原型为

```
void intDecToHex(int n, char str[]);
```

并编写 main 函数进行测试。

(9) 编写一个函数,将一个二进制整数(以字符串形式表示)转换为十进制整数。函数原型为

```
int binTodec( char str[]);
```

其中参数 str 接收字符串,函数返回值为转换后的整数。并编写 main 函数进行测试。

四、实验指导

(1) 编写函数 isprime(int a)用来判断 a 是否为素数,若是素数,函数返回 1,否则返回 0。调用该函数找出任意给定的 n 个整数中的素数。

编程提示

素数的判断方法:

在 $2\sim a-1$ 或 $2\sim\sqrt{a}$ 之间,如果没有一个能够被 a 整除的数,则 a 为素数;只要存在一个能够被 a 整除的数,则说明 a 不是素数。

编写函数时,应注意函数的返回值类型、函数名、参数个数与参数类型。该题的函数结构如下:

```
intisprime(int a)
{
    判断 a 是否素数,若是返回 1,否则返回 0
}
```

在主函数中测试任意 n 个整数是否为素数:

```
输入 n
for(i=1;i<=n;i++)
{
    输入一个整数 x
    if(isprime(x)==1)   //注意函数调用的格式
        输出信息：x 是素数
    else
        输出信息：x 不是素数
}
```

程序参考代码

```
#include <stdio.h>
```

```
#include <math.h>
//判断素数的函数 isprime
int isprime(int a)
{
    int k = sqrt(a);
    int i;
    for (i = 2; i <= k; i++)
        if (a%i == 0)
            return 0;
    return 1;
}
int main()
{
    int i,n,x;
    printf("输入 n: ");
    scanf("%d", &n);   //n 为需要判断的整数个数
    for (i = 1; i <= n; i++)
    {
        printf("输入一个整数 x:");
        scanf("%d", &x);   //每次读一个整数
        if (x > 1)   //判断 2 及以上的整数
        {
            if (isprime(x) == 1)
                printf("%d是素数。\n", x);
            else
                printf("%d不是素数。\n", x);
        }
        else
            printf("输入的整数应>1! \n");
    }
    return 0;
}
```

(2) 编写程序计算 $p = n!/(m!(n-m)!)(n > m)$，其中阶乘的计算写成函数。调用该函数计算当 $n = 10, m = 3$ 时 p 的值。

编程提示

计算 $n!$ 时，常用的方法是用循环做连乘。为防止运算溢出，可定义阶乘的结果变量为 long 或 double 型。

计算 $n!/(m!(n-m)!)$ 时，为防止运算溢出，可将运算式变换为 $n!/m!/(n-m)!$。还应注意，函数返回值为整型时，整数除法会丢失小数部分。

(3) 用牛顿迭代法(简称牛顿法)求方程 $2x^3 - 4x^2 + 3x - 6 = 0$ 在 1.5 附近的根。

提示：牛顿迭代法解非线性方程根的迭代公式为

$$x_{n+1} = x_n - \frac{f(x_n)}{f'(x_n)}$$

其中，$f'(x_n)$ 是 f 在 x_n 处的导数。

结束条件：$|f(x_{n+1})| < \varepsilon$ 与 $|x_{n+1} - x_n| < \varepsilon$ 同时成立（取 ε 为 1e−8）。

编程提示

将 $f(x)$ 和其导数定义为两个独立的函数，例如：

```
double f(double x)
{
    return ((2*x-4)*x+3)*x-6;   //返回 f(x)
}
double f1(double x)             //f(x)的导数
{
    return (6*x-8)*x+3;         //返回 f(x)导数
}
```

主函数算法描述如下：

设 x0,x1 分别表示公式中的 x_n 和 x_{n+1}，x1 的初值为 1.5
```
do{
    x0=x1;
    计算新的 x1=x0-f(x0)/f1(x0);
}while(|f(x_{n+1})|>=ε 或 |x_{n+1}-x_n|)>=ε);   //请注意循环条件的表示方法
输出 x1
```

（4）输入 n 个学生 m 门课的成绩，分别用函数实现以下功能：

① 计算每个学生平均分。

② 找出所有 $n \times m$ 个分数中的最高分所对应的学生和课程。

③ 计算平均分方差：

$$\sigma = \frac{1}{n}\sum x_i^2 - \left(\frac{\sum x_i}{n}\right)^2$$

其中，x_i 为某一学生的平均分。

编程提示

在主函数中，定义大数组 stu[30][10] 和 ave[30]，其中 stu 可存放 30 个学生的 10 门课成绩，ave 可存放 30 个平均分。定义 n 和 m 变量，表示当前处理的学生数和课程数。输入 n 和 m(n≤30,m≤10)，并读入 n×m 学生成绩到 stu 的 n 行 m 列中（前 n 行 m 列有效）。

① 计算每个学生平均分的函数：

```
void stuave(int stu[][10],double ave[],int n,int m);
```

② 找出所有 n×m 个分数中的最高分所对应的学生和课程函数：

```
void maxscore(int stu[][10],int n,int m);
    //在函数中输出最高分以及对应的学号(从 1 开始)和课程号(从 1 开始)
```

③ 计算平均分方差函数：

```
double variance(double ave[],int n);
```

测试样例

```
 "D:\C++2011\8_1\Debug\8-2.exe"
输入n和m:5 4
85 79 83 90
83 85 92 97
90 54 67 85
88 92 75 93
92 95 79 68
学生的平均分:
  85   79   83   90 84.3
  83   85   92   97 89.3
  90   54   67   85 74.0
  88   92   75   93 87.0
  92   95   79   68 83.5
最高分数:97, 学生:2,课程:4
平均分方差: 27.22
Press any key to continue_
```

程序参考代码

```c
#include <stdio.h>
#include <math.h>
//计算每个学生平均分
void stuave(int stu[][10], double ave[], int n, int m)
{
    int i, j;
    for (i =0; i <n; i++)
    {
        ave[i] =0;
        for (j =0; j <m; j++)
            ave[i] +=stu[i][j];
        ave[i] /=m;
    }
}
//找 n×m 个分数中的最高分所对应的学生和课程
void maxscore(int stu[][10], int n, int m)
{
    int i, j,max;
    max =stu[0][0];              //假设第 1 个学生、第 1 门课程分数最高
    int maxi=0, maxj=0;          //最高分成绩的行、列号
    for (i =0; i <n;i++)
    for (j =0; j <m; j++)
    {
        if (stu[i][j]>max)
        {
            max =stu[i][j];
            maxi =i;
            maxj =j;
        }
```

```
    }
    printf("最高分数：%d,学生：%d,课程：%d\n", max, maxi +1, maxj +1);
}
//计算平均分方差
double variance(double ave[], int n)
{
    double sum1 =0.0, sum2 =0.0,q;
    int i;
    for (i =0; i <n; i++)
    {
        sum1 +=ave[i] * ave[i];
        sum2 +=ave[i];
    }
    q =sum1 / n - (sum2 / n) * (sum2 / n);
    return q;
}
int main()
{
    int stu[30][10];            //定义一个大数组 stu,可存放 30 个学生 10 门课程的成绩
    double ave[30];             //存放平均成绩
    int i, j,n,m;
    printf("输入 n 和 m:");
    scanf("%d%d", &n, &m);
    for (i =0; i <n;i++)
    for (j =0; j <m; j++)
        scanf("%d", &stu[i][j]);
    //调用 stuave 计算平均分
    stuave(stu, ave, n, m);
    printf("学生平均分：\n");
    for (i =0; i <n; i++)
    {
        for (j =0; j <m; j++)
            printf("%4d", stu[i][j]);
        printf("%5.1f\n", ave[i]);
    }
    //调用 maxscore 找最高分
    maxscore(stu, n, m);
    //调用 variance 计算平均分方差
    printf("平均分方差:%.2f\n",variance(ave, n));
    return 0;
}
```

实验思考题

① 函数接收主调函数 m 行 n 列的二维数组（即行列可变），能否作如下定义？为

什么？

```
void stuave(int stu[][],double ave[],int n,int m);
```

或

```
void stuave(int stu[m][n],double ave[m],int n,int m);
```

② 能否设计如下函数返回最高分、最高分学生的学号(r)、最高分成绩的课程号(c)？

```
int maxscore(int stu[30][10],int n,int m,int r,int c);
```

(5) 编写字符串查找函数 mystrchr()，该函数的功能为在 string 字符串中查找字符 c，如果找到则返回该字符在字符串中的位置（即索引号），否则返回 -1。并编写主函数验证之。函数原型为

```
int mystrchr(char string[], char c);
```

编程提示

注意利用字符串结束符(\0)。函数体中的关键代码如下：

```
i=0;
while(string[i]!='\0')
{
if(string[i]==c)returni;
}
return -1;
```

(6) 编写递归函数 gcd(int,m,int n)求 m 和 n 的最大公约数。调用该函数求任意给定的 n 对正整数的最大公约数。

编程提示

根据欧几里得算法，求 m 和 n 的最大公约数递归函数如下：

$$\gcd(m,n)=\begin{cases} m, & n=0 \\ \gcd(n,m\%n), & n>0 \end{cases}$$

函数代码：

```
int gcd(int m,int n)
{
    if(n==0)
        return m;
    else
        return gcd(n,m%n);
}
```

主函数算法如下：

```
输入 n;
for(i=1;i<=n;i++)
```

```
{
    输入 m,n
    输出 gcd(m,n)
}
```

（7）利用递归函数求解猴子吃桃问题。猴子在第一天摘下若干个桃子，当即就吃了一半，又感觉不过瘾，于是就多吃了一个。以后每天如此，到第 10 天时只剩下了一个桃子。编程计算第一天猴子摘的桃子个数。

编程提示

求第 n 天（$1{\leqslant}n{\leqslant}10$）桃子个数的递归函数如下：

$$f(n)=\begin{cases}1, & n=10\\2(f(n+1)+1), & 1{\leqslant}n<10\end{cases}$$

主函数：

```
printf("第一天猴子摘的桃子个数:%d\n",f(1));
```

程序参考代码

```
//吃桃子问题的递归解法
#include <stdio.h>
int f(int n)
{
    if(n>10)return -1;
    if(n==10)return 1;
    return 2*(f(n+1)+1);
}
int main()
{
    printf("第一天猴子摘的桃子个数:%d\n",f(1));
    return 0;
}
```

（8）编写一个函数，将一个十进制整数 n 转换为十六进制数（用字符串表示，存放到 str 字符数组中）。函数原型为

```
void  intDecToHex(int n, char str[]);
```

编程提示

在函数中，用 n 不断除以 16 求余，并转为十六进制字符存入数组 str 中，直到 n 为 0。在 str 末尾添加字符串结束标志符 \0′，并翻转 str 字符串（可使用标准函数 strrev）。算法描述如下：

```
i=0;
while(n!=0)
{
    k=n%16;                      //求余数
```

```
    if(k<10)
        将 k 转为 0~9 字符存入 str[i]
    else
        将 k 转 A~F 字符存入 str[i]
    n=n/16;                    //求新的商
    i++;
}
str[i]='\0';
strrev(str);                    //翻转字符串
```

测试样例

输入十进制整数 625，输出十六进制数 271。

程序参考代码

```
//转十六进制数
#include <stdio.h>
#include <string.h>
void intDecToHex(int n, char str[])
{
    int i=0;
    while(n!=0)
    {
        int k=n%16;
        if(k<10)str[i]=k+'0';
        else str[i]=k-10 +'A';
        n=n/16;
        i++;
    }
    str[i]='\0';
    strrev(str);                //逆置字符串
}
int main()
{
    int n;
    char str[32];
    printf("十进制整数:");
    scanf("%d",&n);
    intDecToHex(n,str);
    printf("十六进制是:%s\n",str);
```

```
    return 0;
}
```

(9) 编写一个函数,将一个二进制整数(以字符串形式表示)转换为十进制整数。函数原型为

```
int binTodec( char str[]);
```

其中参数 str 接收字符串,函数返回值为转换后的整数。并编写 main 函数进行测试。

编程提示

二进制整数转十进制整数的方法是按位权展开求和。例如:

$$(10101)_2 = 1 * 2^4 + 0 \times 2^3 + 1 \times 2^2 + 0 \times 2^1 + 1 \times 2^0$$
$$= (((1 \times 2 + 0) \times 2 + 1) \times 2 + 0) \times 2 + 1$$
$$= (21)_{10}$$

设 dec 存放十进制数,上述运算即为

$$(((((dec * 2 + str[0]) * 2 + str[1]) * 2 + str[2]) * 2 + str[3]) * 2 + str[4]$$

计算过程抽象为如下循环结构:

```
dec=0;
i=0;
while(str[i]!='\0')
{
    int k=str[i]-'0';//将'0'或'1'转为数值
    dec=2 * dec+k;
    i++;
}
```

或

```
dec=0;
i=0;
while(str[i]!='\0')
{
    if(str[i]=='1')
        dec=2 * dec+1;
    else
        dec=2 * dec;
    i++;
}
```

测试样例

输入二进制整数 110001,输出的十进制整数是 49。

8.3 指　　针

一、实验目的

(1) 掌握指针与数组的应用。
(2) 掌握指针与字符串的应用。
(3) 掌握指针与函数的应用。

二、实验环境

Windows 7 操作系统，Visual Studio 2013 或更高版本集成开发环境。

三、实验任务和要求

(1) 编写一个函数，找出一维数组中的最大值和最小值，并计算出数组元素的平均值。函数原型声明如下：

```
double fun(double a[],int n,int * max,int * min);
```

其中 a 为数组，n 为数组元素个数，通过 max 指针获取最大数，通过 min 指针获取最小数，函数返回值为平均值。

(2) 编写函数，将一个字符串 str 中指定的字符 ch 删去。函数原型声明如下：

```
void delchar(char * str,char ch);
```

(3) 编写函数，将字符串 s 从第 m 个字符(m≥0)开始的全部字符复制成另一个字符串 t 中，并返回复制的字符串。函数原型如下：

```
char * mystrcpy(char * s, int m, char * t);
```

(4) 编写函数，实现两个字符串的比较(其功能与标准函数 strcmp 一样)。函数原型为

```
int mystrcmp(char * s1,char * s2);
```

其中形参 s1、s2 分别指向两个字符串。如果 s1＝s2，则返回 0 值；如果 s1≠s2，则返回它们二者第一个不同字符的 ASCII 码的差值，s1＞s2 则返回正值，s1＜s2 则返回负值。

(5) 输入一个字符串，内有数字(0～9)和非数字字符，将其中连续的数字作为十进制整数，依次存放到一维数组 x 中。统计共有多少个整数，并输出这些整数。例如：

输入：x12y456,67byte8? 34::87…xyz

输出：共有 6 个整数，分别是：12,456,67,8,34,87

编写 splitint 函数，函数原型如下：

```
int splitint(char * str, int x[]);
```

其中参数 str 接收字符串,数组 x 存放分离出的每一个整数,返回值应为分离出的整数个数。

(6) 编写函数,实现 m×n 矩阵的加法运算(使用一维数组模拟二维数组),函数原型如下:

```
void Add(int * a, int * b, int * c,int m,int n);
```

其中 a、b、c 分别指向 3 个矩阵的首地址,m、n 为矩阵行、列数。

(7) 动态生成 n 个元素的一维整型数组,随机产生 n 个整数存于数组中,借助函数将该数组按小到大排序。函数原型如下:

```
void sort(int * p,int n);
```

其中 p 指向数组,n 为数组元素个数。

(8) 编写求定积分(用梯形法)的通用函数,分别求以下定积分的值:

$$\int_0^1 \sin x \mathrm{d}x, \quad \iint_0^1 \cos x \mathrm{d}x, \quad \iint_0^1 (e^x + 1)\mathrm{d}x$$

函数原型如下:

```
double fun(double,a,double b,double ( * f)(double));
```

提示:将积分区间分成 n 等份,每份的宽度为 $(b-a)/n = h$,在区间 $[a+ih, a+(i+1)h]$ 上使用梯形的面积近似原函数的积分,则:

$$\int_a^b f(x) = \sum_{i=0}^{n-1} \int_{a+ih}^{a+(i+1)h} f(x) \approx \sum_{i=0}^{n-1} \frac{h}{2}(f(a+ih) + f(a+(i+1)h))$$

$$= h\left(\frac{f(a)+f(b)}{2} + \sum_{i=1}^{n-1} f(a+ih)\right)$$

这就是数值积分的梯形求积公式。n 越大或 h 越小,积分就越精确。本题 n 可以取 1000,或让 h 是一个较小的值。

(9) 编写函数,去掉字符串中间的所有空格(头部和尾部空格仍保留)。

四、实验指导

(1) 编写一个函数,找出一维数组中的最大值和最小值,并计算出数组元素的平均值。函数原型声明如下:

```
double fun(double a[],int n,int * max,int * min);
```

其中 a 为数组,n 为数组元素个数,通过 max 指针获取最大数,通过 min 指针获取最小数,函数返回值为平均值。

编程提示

① 函数体设计:

定义累加和变量 sum

假设最大值、最小值及 sum 初值均为 a[0](即 sum= * max= * min=a[0];)

```
for(i=1;i<n;i++)
{
    if(a[i]> * max) * max=a[i];
    if(a[i]< * min) * min=a[i];
    sum+=a[i];
}
return sum/n;
```

② 主函数测试：定义 10 个元素的一维数组 x，存放平均值变量 ave、最大值变量 max 和最小值变量 min，x 值从键盘输入。函数调用格式如下：

```
ave= fun(x,10,&max,&min);
```

最后输出 max、min 和 ave。

特别注意，函数中除 return 语句返回一个值外，可以通过设置指针参数带回其他需要的值，这时与指针型参数对应的实参常为变量的地址（或指针）。

（2）编写函数，将一个字符串 str 中指定的字符 ch 删去（只删去首次出现的字符）。函数原型声明如下：

```
void delchar(char * str,char ch);
```

编程提示

C 语言中用字符数组存放字符串数据。在字符串中删除一个字符，首先从头开始寻找要删除的字符，找到后，将下一个字符开始的每个字符左移一个位置（即覆盖前一个字符），直到字符串结束，并在其末端添加结束标志符'\0'。

如果删去字符的索引号为 k，那么还需进行如下操作：

```
while(* (str+k+1)!='\0')
{
    * (str+k)= * (str+k+1);
    k++;
}
* (str+k)='\0';
```

程序参考代码

```
void delchar(char * str,char ch)
{
    int k=0;
    while(* (str+k)!='\0'&& * (str+k)!=ch)k++;
    if(* (str+k)!='\0')
    {
        while(* (str+k+1)!='\0')
        {
            * (str+k)= * (str+k+1);
            k++;
```

```
        }
        * (str+k)='\0';
    }
}
int main()
{
    char str[]="absfhgdfh";
    printf("%s\n",str);
    delchar(str,'a');
    printf("%s\n",str);
    return 0;
}
```

实验思考题

如果删除字符串中多个重复的字符,函数体如何修改?

(3) 编写函数,将字符串 s 从第 m 个字符(m≥0)开始的全部字符复制成另一个字符串 t 中,并返回复制的字符串。函数原型如下:

```
char * mystrcpy(char * s, int m, char * t);
```

编程提示

构造循环,将 * (s+m+i)传递给 * (t+i),i 从 0 开始,直到 * (s+m+i)为'\0'为止。

```
i=0;
while(* (s+m+i)!='\0')
{
    * (t+i)= * (s+m+i);
    i++;
}
* (t+i)='\0';
returnt;
```

程序参考代码

```
char * mystrcpy(char * s, int m, char * t)
{
    int i=0;
    while(* (s+m+i)!='\0')
    {
        * (t+i)= * (s+m+i);
        i++;
    }
    * (t+i)='\0';
    return t;
}
int main()
```

```
{
    char str[]="sagsghsgfsjjdfd";
    char tstr[41];
    char * p;
    p=mystrcpy(str,11,tstr);
    printf("%s\n",str);
    printf("%s\n",p);
    return 0;
}
```

（4）编写函数，实现两个字符串的比较（其功能与标准函数 strcmp 一样）。函数原型为

```
int mystrcmp(char * s1,char * s2);
```

其中形参 s1、s2 分别指向两个字符串。如果 s1＝s2，则返回 0 值；如果 s1≠s2，则返回它们二者第一个不同字符的 ASCII 码的差值，s1＞s2 则返回正值，s1＜s2 则返回负值。

编程提示

循环比较 * (s1+i)与 * (s2+i)(i 的初值为 0)，若 * (s1+i)＝(s2+i)，i＋＋，继续循环；若 * (s1+i)≠ * (s2+i)或 * (s1+i)为'\0'或 * (s2+i)为'\0'时，结束循环，字符串比较结束。函数返回 * (s1+i)与 * (s2+i)的差值。

```
i=0;
while(* (s1+i)!='\0' && * (s2+i)!='\0'&& * (s1+i)== * (s2+i)) i++;
return * (s1+i)- * (s2+i);
```

（5）输入一个字符串，内有数字（0～9）和非数字字符，将其中连续的数字作为十进制整数，依次存放到一维数组 x 中。统计共有多少个整数，并输出这些整数。例如：

输入：x12y456,67byte8? 34::87…xyz

输出：共有 6 个整数，分别是：12,456,67,8,34,87

编写 splitint 函数，函数原型如下：

```
int splitint(char * str, int x[]);
```

其中参数 str 接收字符串，数组 x 存放分离出的每一个整数，返回值应为分离出的整数个数。

编程提示

函数中的关键步骤算法如下：

```
while(* str!='\0')
{
    寻找下一个数字序列的首字符
    将数字字符序列转换为整数并存放到 x[i]中
}
```

其中 i 的最终值为字符串中整数的个数。

寻找数字序列的首字符算法如下：

```
while( * str!='\0'&&! ( * str>='0'&& * str<='9')) str++;   //非数字,指针后移
if( * str!='\0') break;        //剩下字符串中已无任何数字字符,跳出外循环
```

接下来将处理数字字符序列,这时 str 已指向首个数字字符。

数字字符序列转换为整数的算法如下：

```
t=0;     //t 为临时存放转换后的整数
while( * str!='\0'&& * str>='0'&& * str<='9')
{
    t=t * 10+ * str-'0';
    str++;
}
x[i]=t;
i++;     //统计整数个数
if( * str!='\0')break;
str++;
//继续外循环
```

测试样例

程序参考代码

```
int splitint(char * str, int x[])
{
    int i,t;
    i=0;
    while( * str!=0)
    {
        while( * str!=0&&! ( * str>='0'&& * str<='9')) str++;   //寻找数字字符
        if( * str==0)break;
        t=0;
        while( * str!=0&& * str>='0'&& * str<='9')//处理连续数字形成整数
        {
            t=t * 10+ * str-'0';
            str++;
        }
        x[i]=t;                              //保存整数
        i++;
        if( * str==0) break;
```

```
            str++;
        }
        return i;
}
int main()
{
        char s[81];
        int x[81],len,i;
        printf("输入带有连续数字字符的字符串：\n");
        scanf("%s",s);
        len=splitint(s,x);
        printf("共有%d个整数,分别是：",len);
        for(i=0;i<len;i++)
            printf("%d,",x[i]);
        printf("\b \n");
        return 0;
}
```

(6) 编写函数,实现 m×n 矩阵的加法运算(使用一维数组模拟二维数组),函数原型如下：

```
void Add(int * a, int * b, int * c,int m,int n);
```

其中 a、b、c 分别指向 3 个矩阵的首地址,m、n 为矩阵行、列数。

编程提示

函数体中矩阵加法：

```
for(i=0;i<m;i++)
    for(j=0;j<n;j++)
        * (c+i * n+j)= * (a+i * n+j)+ * (b+i * n+j);//相当于 cij=aij+bij
```

主函数：

- 使用二维数组,例如

```
int a[3][4],b[3][4],c[3][4];
```

则调用语句可以为以下 3 种形式之一：

```
Add(&a[0][0],&b[0][0],&c[0][0],3,4);
Add(a[0],b[0],c[0],3,4);
Add( * a, * b, * c,3,4);
```

- 使用一维数组,例如：

```
int a[3 * 4],b[3 * 4],c[3 * 4];
```

则调用语句可以为以下两种形式之一：

```
Add(a,b,c,3,4);
```

```
Add(&a[0],&b[0],&c[0],3,4);
```

（7）动态生成 n 个元素的一维整型数组,随机产生 n 个整数存于数组中,借助函数将该数组按从小到大排序。函数原型如下:

```
void sort(int * p,int n);
```

其中 p 指向数组,n 为数组元素个数。

编程提示

动态生成一维数组的步骤是:定义一个指针变量,如 int * p;,使用标准函数 malloc()申请 n 个变量的空间,格式如下:

```
p=(int * )malloc(sizeof(int) * n); //sizeof(int)为 int 类型数据的大小(字节数)
if(p==NULL)
{
  printf("动态申请失败,退出程序!");
  exit(1);
}
```

随机产生 n 个整数存于 p 指向的数组中:

```
for(i=0;i<n;i++)
    * (p+i)=rand();  //或 p[i]=rand();
```

排序函数(使用冒泡法):

```
void sort(int * p,int n)
{
    int i,j,tmp;
    for(i=0;i<n-1;i++)
        for(j=n-1;j>i;j--)
            if(* (p+j)< * (p+j-1))
            {
                交换 * (p+j)和 * (p+j-1)
            }
}
```

为实现真正的随机数,可设置随机数发生器函数的种子。取当前系统时钟值作为随机数发生器函数的种子,使用标准函数 srand 设置,调用格式如下:

```
srand(time(0));
```

程序需增加以下头文件:

```
#include <time.h>
#include <stdlib.h>
```

测试样例

程序参考代码

```c
#include <stdlib.h>
#include <time.h>
void sort(int * p,int n)   //冒泡排序
{
    int i,j,tmp;
    for(i=0;i<n-1;i++)
        for(j=n-1;j>i;j--)
            if(* (p+j)< * (p+j-1))
            {
                tmp= * (p+j);
                * (p+j)= * (p+j-1);
                * (p+j-1)=tmp;
            }
}


int main()
{
    int * p;
    int i,n;
    printf("输入 n:");
    scanf("%d",&n);
    srand(time(0));                      //利用系统当前时间作随机数发生器函数的种子
    p=(int * )malloc(sizeof(int) * n);   //动态生成 n 个元素的整型数组
    if(p==NULL)
    {
        exit(1);
    }
    for(i=0;i<n;i++)
    {
        p[i]=rand();                     //生成随机整数
    }
    sort(p,n);                           //调用排序
    for(i=0;i<n;i++)
    {
        printf("%d,",p[i]);
    }
```

```
        printf("\b \n");
        return 0;
}
```

(8) 编写求定积分(用梯形法)的通用函数,分别求以下定积分的值:

$$\int_0^1 \sin x \mathrm{d}x, \quad \int_0^1 \cos x \mathrm{d}x, \quad \int_0^1 (\mathrm{e}^x + 1) \mathrm{d}x$$

函数原型如下:

```
double fun(double,a,double b,double (* f)(double));
```

提示:将积分区间分成 n 等份,每份的宽度为 $(b-a)/n = h$,在区间 $[a+ih, a+(i+1)h]$ 上使用梯形的面积近似原函数的积分,则:

$$\int_a^b f(x) = \sum_{i=0}^{n-1} \int_{a+ih}^{a+(i+1)h} f(x) \approx \sum_{i=0}^{n-1} \frac{h}{2}(f(a+ih) + f(a+(i+1)h))$$

$$= h\left(\frac{f(a)+f(b)}{2} + \sum_{i=1}^{n-1} f(a+ih)\right)$$

这就是数值积分的梯形求积公式。n 越大或 h 越小,积分就越精确。本题 n 可以取 1000,或让 h 是一个较小的值。

编程提示

函数名代表函数的地址(即函数的指针),将函数作为实参传递给形参时,实参通常为函数名,而对应的形参必须为指向函数的指针变量。

如果定积分的被积表达式是一个复杂的表达式(不是简单的标准函数),首先将其定义为独立的函数,如对于定积分 $\int_0^1 (\mathrm{e}^x + 1) \mathrm{d}x$,令 $f(x) = \mathrm{e}^x + 1$,$f(x)$ 函数定义如下:

```
double f(double x)
{
        return exp(x)+1;
}
```

主函数调用语句分别如下:

```
double y1,y2,y3;                              //分别存放 3 个定积分的值
y1=fun(0,1,sin);
y2=fun(0,1,cos);
y3=fun(0,1,f);
```

(9) 编写函数,去掉字符串中间的所有空格(头部和尾部空格仍保留)。

编程提示

函数设计如下:

```
char * delspace(char * str)
{
        寻找字符串左边第一个非空格字符,由 s 指向该位置
        寻找字符串右边第一个非空格字符,由 t 指向该位置
```

　　　　删除 s 到 t 之间所有空格字符

　　　　返回首地址 str

}

寻找字符串左边第一个非空格字符,由 s 指向该位置

```
s=str;                                    //s 的初值,指向左边第一个字符
while(* s!='\0'&&* s==' ')s++;
```

寻找字符串右边第一个非空格字符,由 t 指向该位置:

```
t=str+strlen(str)-1;                      //t 的初值,指向 str 字符串中右边第一个字符
while(* t==' ')t--;
```

删除 s 到 t 之间所有空格字符:

```
while(t>=s)
{
    if(* t==' ')
    {
        char * p=t;
        while(* (p+1)!='\0')
        {
            * p=* (p+1);
            p++;
        }
        * p='\0';
    }
    t--;
}
```

测试样例

输入:a,　　b　,　c,d

输出:a,b,c,d

实验思考题

① 如何去掉字符串开头所有的空格?

② 如何去掉字符串末尾所有的空格?

 **章 简单算法设计**

9.1 排 序

一、实验目的

(1) 掌握冒泡排序算法。
(2) 掌握选择排序算法。
(3) 掌握快速排序算法。

二、实验环境

Windows 7 操作系统,Visual Studio 2013 或更高版本集成开发环境。

三、实验任务和要求

(1) 编写函数,使用冒泡排序算法对 n 个元素的一维整型数组进行排序(升序)。函数原型如下:

```
void bubblesort(int p[], int n);
```

同时编写主函数对其进行调用,并输出排序前后的数组元素值。

(2) 编写函数,使用冒泡排序算法对 n 个字符串进行排序(设每个字符串长度不超过81)。函数原型如下:

```
void strsort(char s[][81], int n);
```

同时编写主函数对其进行调用,并输出排序后的各字符串。

(3) 编写函数,使用选择排序算法对 n 个元素的一维整型数组进行排序。函数原型如下:

```
void selectsort(int * p, int n);
```

其中 p 指向一维数组首地址,n 为元素个数。同时编写主函数对其进行调用,并输出排序前后的数组元素值。

（4）编写程序，使用冒泡排序或选择排序对电话号码簿按人名的字典顺序排序。其中电话号码簿中的每个数据为结构类型，定义如下：

```
struct tel
{
    char name[21];
    char num[12];
};
```

（5）编写函数，使用快速排序算法对下标从 i 到 j(i<j) 的一维整型数组进行排序。函数原型如下：

```
void quicksort(int p[], intI, int j);
```

同时编写主函数对其进行调用，并输出排序前后的数组元素值。

四、实验指导

（1）编写函数，使用冒泡排序算法对 n 个元素的一维整型数组进行排序（升序）。函数原型如下：

```
void bubblesort(int p[], int n);
```

同时编写主函数对其进行调用，并输出排序前后的数组元素值。

编程提示

对于 n 个元素的一维数组 p，若按从小到大排序，采用冒泡排序算法最多需要进行 n−1 轮比较方可完成，for 循环控制结构如下：

```
for(i=0;i<n-1;i++)
{
    第 i 轮确定第 i 个最小数，并存放到 i 号元素中
}
```

第 i 轮最小数的处理方法是：从第 n−1 号元素（即数组最后一个元素）起到第 i 号元素止，相邻两个元素逐一比较，如果后一个元素小于前一个元素，则交换两个元素值，这样，当本轮最后两个元素（i+1 号和 i 号）比较完成后，i 号元素存放的一定是本轮次的最小值。这一过程可抽象为如下循环结构：

```
for(j=n-1;j>i;j--)
{
    If (p[j]<p[j-1])
        交换 p[j]与 p[j-1]
}
```

因此，冒泡排序算法实际由二重循环结构实现：

```
for(i=0;i<n-1;i++)
    for(j=n-1;j>i;j--)
```

```
            {
                if (p[j]<p[j-1])
                    交换 p[j]与 p[j-1]
            }
```

程序参考代码

```c
#include <stdio.h>
void bubblesort(int p[], int n) //冒泡排序
{
    int i, j, temp;
    for (i =0; i<n -1; i++)
        for (j =n -1; j>i; j--)
        {
            if (p[j] <p[j -1])
            {
                temp =p[j];
                p[j] =p[j -1];
                p[j -1] =temp;
            }
        }
}
void print(int p[], int n) //输出数组
{
    int i;
    for (i =0; i<n; i++)
        printf("%d ", p[i]);
    printf("\n");
}
int main()                              //主函数测试
{
    int s[] ={ 50, 39, 64, 90, 72, 12, 29 }, i;
    printf("排序前数组的值: \n");
    print(s, 7);
    bubblesort(s,7);
    printf("排序后数组的值: \n");
    print(s, 7);
    return 0;
}
```

（2）编写函数,使用冒泡排序算法对 n 个字符串进行排序(设每个字符串长度不超过81)。函数原型如下:

```c
void strsort(char s[][81] , int n);
```

同时编写主函数对其进行调用,并输出排序后的各字符串。

编程提示

冒泡排序算法原理与第(1)题相同。对于字符串的操作应广泛使用系统提供的字符串函数,如比较两个字符串的大小应使用 strcmp(),字符串的赋值应使用 strcpy() 等。

通过定义二维字符数组存放多个字符串,二维字符数组的每一行代表一个字符串(相当于一个一维字符数组),可以用"数组名[行下标]"引用。如 n 个字符串冒泡排序的控制结构如下:

```
for(i=0;i<n-1;i++)
    for(j=n-1;j>i;j--)
    {
        if (strcmp(s[j],s[j-1])<0)
            交换p[j]与p[j-1]
    }
```

(3) 编写函数,使用选择排序算法对 n 个元素的一维整型数组进行排序。函数原型如下:

```
void selectsort(int * p, int n);
```

其中 p 指向一维数组首地址,n 为元素个数。同时编写主函数对其进行调用,并输出排序前后的数组元素值。

编程提示

对于 n 个元素的一维数组 p,若按从小到大排序,采用选择法排序算法最多需要进行 n−1 轮比较方可完成,使用如下 for 循环控制:

```
for(i=0;i<n-1;i++)
{
    第 i 轮确定第 i 个最小数,并存放到 i 号元素中
}
```

第 i 轮最小数的处理方法是:从 i 号元素起到第 n−1 号元素止,选出最小元素(假设为 k 号元素),并将 i 号与 k 号元素交换。这一过程抽象为如下循环结构:

```
k=i;   //k为的最小元素下标,初值假设为i号
for(j=i+1;j<n;j++)
    If (p[j]<p[k]) k=j;
//循环结束后
交换p[i]与p[k]
```

因此,与冒泡排序算法一样,选择排序算法同样由二重循环结构实现:

```
for(i=0;i<n-1;i++)
{
    k=i;   //假设i号元素最小
    for(j=i+1;j<n;j++)
        If (p[j]<p[k]) k=j;
    //循环结束后
```

```
    交换 p[i]与 p[k]
}
```

程序参考代码

```c
//选择法排序
#include <stdio.h>
void selectsort(int * p, int n)  //选择排序
{
    int i, j, k, temp;
    for (i = 0; i < n - 1; i++)
    {
        k = i;                      //假设 i 号元素最小
        for (j = i + 1; j < n; j++)
            if(p[j] < p[k]) k = j;
            temp = p[i];
            p[i] = p[k];
            p[k] = temp;
    }
}
void print(int p[], int n)        //输出数组
{
    int i;
    for (i = 0; i < n; i++)
        printf("%d ", p[i]);
    printf("\n");
}
int main()                        //主函数测试
{
    int s[] = { 50, 39, 64, 90, 72, 12, 29 }, i;
    printf("排序前数组的值：\n");
    print(s, 7);
    selectsort(s, 7);
    printf("排序后数组的值：\n");
    print(s, 7);
    return 0;
}
```

(4) 编写程序,使用冒泡排序或选择排序对电话号码簿按人名的字典顺序排序。
其中电话号码簿中的每个数据为结构类型,定义如下:

```c
struct tel
{
    char name[21];
    char num[12];
};
```

编程提示

使用冒泡法排序：

```
void telnamesort(struct tel t[], int n)
{   struct tel tmp;
    int i,j;
    for(i=0;i<n-1;i++)
        for(j=n-1;j>i;j--)
        {
            if (strcmp(t[j].name,t[j-1].name)<0)
                交换 t[j]与 t[j-1]
        }

}
```

使用选择法排序：

```
void telnamesort(struct tel t[], int n)
{   struct tel tmp;
    int i,j,k;
    for(i=0;i<n-1;i++)
    {
        k=i;                          //假设 i 号元素最小
        for(j=i+1;j<n;j++)
            if (strcmp(t[j].name,t[k].name)<0) k=j;
            交换 t[i]与 t[k]
    }
}
```

编写主函数测试，例如定义电话号码簿（包含 5 个数据项）数组，从键盘输入数据，输出排序前后的电话号码簿。

（5）编写函数，使用快速排序算法对下标从 i 到 j(i<j)的一维整型数组进行排序。函数原型如下：

```
void quicksort(int p[], intI, int j);
```

同时编写主函数对其进行调用，并输出排序前后的数组元素值。

编程提示

快速排序的基本思想是：通过一趟排序将要排序的数据分割成独立的两部分，其中一部分的所有数据比另一部分的所有数据都要小，然后再按此方法对这两部分数据分别进行快速排序，整个排序过程可以递归进行，以此达到整个数据变成有序序列。定义函数quicksort 实现快速排序。

```
voidquicksort(int p[], int i, int j)
{
    if(i <j)
```

```
    {
        /*对p调用quickpass函数进行一趟快速排序。i和j指示排序的起始和终了位置
          (下标),返回值指示一趟排序后的分割点 */
        int k =quickpass(p, i, j);  //k为分割点
        //对前一部分快速排序
        quicksort (p, i, k -1)
        //对后一部分快速排序,递归调用
        quicksort (p, k +1, j)
    }
}
```

一趟快速排序的基本算法如下：设要排序的数组是 p[i],p[i+1],…,p[j],首先任意
选取一个数据(通常选用第一个数据 p[i])作为关键数据,然后将所有比它小的数据都放
到它前面,所有比它大的数据都放到它后面。

```
//一趟快速排序的函数,对数组 p 从 i 到 j 快速排序,并返回分割点 i
intquickpass(int p[], int i,int j)
{
    //存储关键字
    int key=p[i];
    while( i <j)
    {
        while( i <j &&p[j]>=key) j--;//从后向前搜寻比 key 小的值
        p[i] =p[j]                    //找到后放入 p[i]
        while( i <j &&p[i]<=key) i++; //从前向后搜寻比 key 大的值
        p[j] =p[i];                   //找到后放入 p[j]
    }
    //循环结束时,i=j,放入 key 值,并返回 i
    p[i] =key;
    returni;
}
```

编写测试主函数,算法描述如下：

定义数组,如: int s[]={50, 39, 64, 90, 72, 12, 29};
显示排序前的数组值
调用快速排序函数 quicksort 排序
显示排序后的数组值

测试样例

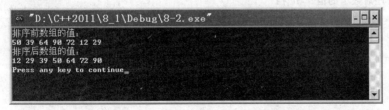

程序参考代码

```
//快速排序
int quickpass(int p[],int i,int j)
{
    int key=p[i];
    while( i < j)
    {
        while( i < j &&p[j]>=key) j--;    //从后向前搜寻比 key 小的值
        p[i] =p[j];                       //找到后放入 p[i]
        while( i < j &&p[i]<=key) i++;    //从前向后搜寻比 key 大的值
        p[j] =p[i];                       //找到后放入 p[j]
    }
    //循环结束时,i=j,放入 key 值,并返回 i
    p[i] =key;
    return i;
}
//快速排序
void quicksort(int p[],int i,int j)
{
    if(i<j)
    {
        int k=quickpass(p,i,j);
        quicksort(p,i,k-1);
        quicksort(p,k+1,j);
    }
}

int main()
{
    int s[]={50, 39, 64, 90, 72, 12, 29},i;
    printf("排序前数组的值: \n");
    for(i=0;i<7;i++)
        printf("%d ",s[i]);
    printf("\n");
    quicksort(s,0,6);
    printf("排序后数组的值: \n");
    for(i=0;i<7;i++)
        printf("%d ",s[i]);
    printf("\n");
    return 0;
}
```

9.2 查　找

一、实验目的

（1）掌握顺序查找算法。

（2）掌握折半查找算法。

二、实验环境

Windows 7 操作系统，Visual Studio 2013 或更高版本集成开发环境。

三、实验任务和要求

（1）编写顺序查找函数，在 n 个元素的一维整型数组中查找整数 x 是否存在，若存在返回其对应的下标，否则返回－1。函数原型如下：

```
int sqsearch(int p[], int n, int x);
```

同时编写主函数对其进行测试调用，并输出测试结果。

（2）编写折半查找函数，在 n 个有序元素的一维整型数组中查找整数 x 是否存在，若存在返回其对应的下标，否则返回－1。函数原型如下：

```
int binsearch((int p[], int n, int x);
```

（3）编写程序，在电话号码簿中按人名进行顺序查找，找到后输出人名及电话号码，否则输出"未找到!"。其中电话号码簿中的每个数据为结构类型，定义如下：

```
struct tel
{
    char name[21];
    char num[12];
};
```

（4）在一个有序数组中插入一个数，要求插入后数组仍然有序。例如，原数组序列为 $\{7,9,12,15,21,27,30,77,89\}$，用户输入 45，程序插入 45 后的数组为 $\{7,9,12,15,21,27,30,45,77,69\}$。

（5）学生信息管理系统设计。学生信息结构包括学号、姓名、性别，年龄、班级。功能菜单如下：

```
学生信息管理系统
==================
  1.信息录入
  2.信息显示 (按学号次序)
  3.信息查询
```

4.信息修改

5.信息删除

6.信息插入

0.退出系统

请选择(0-6):

四、实验指导

(1) 编写顺序查找函数,在 n 个元素的一维整型数组中查找整数 x 是否存在,若存在返回其对应的下标,否则返回-1。函数原型如下:

```
int sqsearch((int p[], int n, int x);
```

同时编写主函数对其进行测试调用,并输出测试结果。

编程提示

① 顺序查找算法的关键:在一维数组中寻找某个元素值(即关键字值),通常用关键字值与数组的每一个元素进行相等比较,如果有一次比较相等,则为查找成功;如果所有元素比较完成后,没有一次相等,则为查找失败。可使用 for 循环控制比较过程,循环变量 i 从 0(第一个数组元素的下标)到 n-1(最后一个数组元素的下标)变化,当 p[i]==x 时(查找成功),终止循环并返回 i 值(i 为对应数组元素的下标)。

② 主函数测试部分:在主函数中,定义一个固定长度的一维整型数组 a,该数组可以被初始化,也可以从键盘读入其初值;输入一个待查找的整数 b,调用查找函数 sqsearch,根据返回值输出相应的结果。例如:

```
k=sqsearch(a,5,b);      //在长度为 5 的数组 a 中查找 b,查找结果返回给 k
if(k==-1)
    printf("该元素值不存在,查找失败! \n");
else
    printf("该元素值存在,其下标为%d\n",k);
```

程序参考代码

```c
//顺序查找
#include <stdio.h>
int sqsearch(int p[], int n, int x)
{
    int i;
    for (i =0; i <n; i++)
        if (x ==p[i])
            return i;
    return -1;
}
int main()
{
    int sqsearch(int p[], int n, int x);
```

```
    int a[10] ={ 85, 92, 78, 64, 56, 99, 67, 76, 87, 88 };
    int k,b;
    printf("输入待查的数:");
    scanf("%d", &b);
    k =sqsearch(a, 10, b);                 //查找的值为 b
    if (k ==-1)
        printf("该元素值不存在,查找失败! \n");
    else
        printf("该元素值存在,其下标为%d\n", k);
}
```

（2）编写折半查找函数,在 n 个有序元素的一维整型数组中查找整数 x 是否存在,若存在返回其对应的下标,否则返回-1。函数原型如下:

```
int binsearch((int p[], int n, int x);
```

编程提示

① 折半查找算法的关键:假设 p 为 n 个元素的一维有序数组。折半查找过程算法如下:

```
设置初始查找区间,令 low=0,high=n-1;
while low<=high
{
    计算中间位置 mid=(low+high)/2;
    If p[mid]等于 x
        返回 mid                //找到
    Else
        If x<p[mid]
            high=mid-1;        //在数组的前半部分查找,low 保持不变,只需改动 high
        else
            low=mid+1;         //在数组的后半部分查找,只需改动 low,high 保持不变
}
返回-1;                        //没找到
```

② 主函数测试部分:在主函数中,定义一个固定长度的一维整型数组 a,并初始化一组有序的整数。例如:

```
int a[5]={34,56,57,78,98},k;
k=binserach(a,5,78);          //在 a 中查找 78
if(k==-1)
    printf("该元素值不存在,查找失败! \n");
else
    printf("该元素值存在,其下标为%d\n",k);
```

实验思考题

折半查找的递归算法如何实现?

(3) 编写程序,在电话号码簿中按人名进行顺序查找,找到后输出人名及电话号码,否则输出"未找到!"。其中电话号码簿中的每个数据为结构类型,定义如下:

```
struct tel
{
    char name[21];
    char num[12];
}
;
```

编程提示

① 定义 tel 结构体类型。

② 编写查找函数:

```
int findtelnum(tel Phonebook[],int n, char name[]);
```

函数体的关键代码如下:

```
for(i=0;i<n;i++)
{
  if(strcmp(Phonebook[i].name,name)==0)
      returni; //查找成功
}
return -1;      //不成功
```

③ 在主函数中定义 tel 类型数组,并初始化一组值。例如:

```
struct tel Phonebook[]={{"Li Ming","13015901xxx"},{"Wang Hai","13146011xxx"},
{"Zhang Hua","13256033xxx"},{"Guo Cong","13112346xxx"},{"Huang Tong",
"1321557XXX"}};
```

调用函数 findtelnum,查找人名"hang Hua",并输出人名及电话号码:

```
K=findtelnum( Phonebook,5,"hang Hua");
if(k>=0)
    printf("人名:%s,电话号码:%s\n",Phonebook[k].name,Phonebook[k].num);
else
    printf("未找到!");
```

(4) 在一个有序数组中插入一个数,要求插入后数组仍然有序。例如,原数组序列为 $\{7,9,12,15,21,27,30,77,89\}$,用户输入 45,程序插入 45 后的数组为 $\{7,9,12,15,21,27,30,45,77,69\}$。

编程提示

① 编写插入函数,函数原型如下:

```
int insertx(int a[],int n,int x);      //在有序数组 a 中插入 x,n 为数组中有序数的个数
```

方法一:利用顺序查找确定插入位置 k:

```
for(i=0;i<n;i++)
    if(x<a[i]) break;
k=i;
```

插入位置 k 确定后,将 a[k]之后的所有元素后移一个位置:

```
for(i=n-1;i>=k;i--)
    a[i+1]=a[i];
```

最后将 x 插入到 a[k]中,结束。

方法二:利用折半查找方法确定插入的位置 k:

```
low=0,high=n-1;
while low<=high
{
  mid=(low+high)/2;
  if(mid==0) {k=1;break;}
  if(mid==n-1) {k=n;break;}
  if(x==a[mid]) {k=mid;break;}
    if (x<a[mid] && x>a[mid-1]) {k=mid;break;}
    if (x>a[mid] && x<a[mid+1] ) {k=mid+1;break;}
    if(x<a[mid]) high=mid-1;
    if(x>a[mid]) low=mid+1;
}
```

插入位置 k 确定后,将 a[k]之后的所有元素后移一个位置:

```
for(i=n-1;i>=k;i--)
    a[i+1]=a[i];
```

最后将 x 插入到 a[k]中,结束。

② 编写主函数。定义 n+1 个元素的数组,将其初始化为 n 个有序的整数。例如:

```
#define  N  9
int a[N+1]={7,9,12,15,21,27,30,77,89};
```

调用插入函数,在数组 a 中插入整数 45:

```
insert(a,N,45);
```

最后输出 a 数组。

程序参考代码

```
//方法一
void insertx(int a[],int n,int x)
{
    int i,k;
    for(i=0;i<n;i++)
        if(x<a[i])break;
```

```
        k=i;
        //将 a[k]-a[n-1]向后移动一个位置
        for(i=n-1;i>=k;i--)
            a[i+1]=a[i];
        a[k]=x;
}
#define N9
int main()
{
    int a[N+1]={7,9,12,15,21,27,30,77,89};
    int i;
    for(i=0;i<N;i++)
        printf("%3d",a[i]);
    printf("\n");
    insertx(a,N,45);
    for(i=0;i<N+1;i++)
        printf("%3d",a[i]);
    printf("\n");
    return 0;
}


//方法二
void insertx(int a[],int n,int x)
{
    int low,high,mid,i,k;
    low=0,high=n-1;
    while(low<=high)
    {
        mid=(low+high)/2;
        if(mid==n-1) {k=n;break;}
        if(mid==0) {k=0;break;}
        if(x==a[mid]) {k=mid;break;}
        if(x<a[mid] && x>a[mid-1] )
        {
            k=mid;
            break;
        }
        if(x>a[mid] && x<a[mid+1] )
        {
            k=mid+1;
            break;
        }
        if(x<a[mid]) high=mid-1;
        if(x>a[mid]) low=mid+1;
```

```
    }
    //将 a[k]-a[n-1]向后移动一个位置
        for(i=n-1;i>=k;i--)
            a[i+1]=a[i];
        a[k]=x;
}
#define N9
int main()
{
    int a[N+1]={7,9,12,15,21,27,30,77,89};
    int i;
    for(i=0;i<N;i++)
        printf("%3d",a[i]);
    printf("\n");
    insertx(a,N,45);
    for(i=0;i<N+1;i++)
        printf("%3d",a[i]);
    printf("\n");
    return 0;
}
```

（5）学生信息管理系统设计。学生信息结构包括学号、姓名、性别，年龄、班级。功能菜单如下：

```
学生信息管理系统
================
1.信息录入
2.信息显示(按学号次序)
3.信息查询
4.信息修改
5.信息删除
6.信息插入
7.退出系统
请选择(0-6)：
```

编程提示

主函数中的菜单控制代码如下：

```
while(1)
{
    system("cls"); //调用系统函数清屏
    printf("学生信息管理系统\n");
    printf(" ==================== \n");
    printf("    1.信息录入\n");
    printf("    2.信息显示\n");
    printf("    3.信息查询\n");
```

```c
    printf("        4.信息修改 \n");
    printf("        5.信息删除 \n");
    printf("        6.信息插入 \n");
    printf("        0.退出系统 \n");
    printf("        请选择(0-6): ");
    scanf("%d", &n);
    switch (n)
    {
        case 1:调用信息录入函数; break;
        case 2:调用信息显示函数; break;
        case 3:调用信息查询函数; break;
        case 4:调用信息修改函数; break;
        case 5:调用信息删除函数; break;
        case 6:调用信息插入函数; break;
        case 0: exit(1);//退出程序}
    }
}
```

程序参考代码

```c
//菜单设计,仅完成功能1(录入)和功能2(显示)
#include <stdio.h>
#define N 50
struct student
{
    char num[11];
    char name[10];
    char sex[3];
    int age;
    char Class[16];
};
static struct student stu[N];
static int count =0;
void input()
{
    struct student s;
    printf("按顺序输入:学号 姓名 性别 年龄 班级,输入全0为输入结束!\n");
    while (1)
    {
        scanf("%s%s%s%d%s", s.num, s.name, s.sex, &s.age, s.Class);
        if (strcmp(s.num,"0")==0)return;
        stu[count++] =s;
    }
}
void show()
```

```
{
    printf("----显示学生信息----\n");
    printf("%10s%10s%5s%5s%15s\n","学号","姓名","性别","年龄","班级");
    for (int i =0; i <count; i++)
        printf("%10s%10s%5s%5d%15s\n", stu[i].num, stu[i].name, stu[i].sex,
            stu[i].age,stu[i].Class);
    system("pause");
}
void locate()
{
}
void update()
{
}
void del()
{
}
void insert()
{
}
int main()
{
    int n;
    while (1)
    {
        system("cls"); //调用系统函数清屏
        printf("  学生信息管理系统\n");
        printf(" ================ === \n");
        printf("    1.信息录入\n");
        printf("    2.信息显示\n");
        printf("    3.信息查询\n");
        printf("    4.信息修改\n");
        printf("    5.信息删除 \n");
        printf("    6.信息插入 \n");
        printf("    0.退出系统 \n");
        printf("   请选择(0 - 6): ");
        scanf("%d", &n);
        switch (n)
        {
            case 1: input(); break;
            case 2: show(); break;
            case 3: locate(); break;
            case 4: update(); break;
            case 5: del(); break;
```

```
                case 6: insert(); break;
                case 0: exit(1);//退出程序}
            }
        }
    return 0;
    }
```

第 10 章 数据结构基础

10.1 线 性 表

一、实验目的

(1) 掌握使用数组实现线性表的顺序存储。

(2) 掌握顺序存储结构下线性表的显示、定位、插入、删除等基本操作。

(3) 掌握线性表的链式存储。

二、实验环境

Windows 7 操作系统，Visual Studio 2013 或更高版本集成开发环境。

三、实验任务和要求

(1) 创建一个整数线性表，实现其基本操作，编写主函数实现对基本操作的调用。

(2) 创建一个字符线性表，实现其基本操作。应用该线性表，将键盘输入的一行字符插入到表中，然后输出表中所有字符及其表长；再输入一个字符，从表中删除该字符(重复出现应多次删除)，最后输出表中所有字符及其表长。

(3) 创建学生通讯录线性表，实现其基本操作，编写主函数实现通讯录的应用。

(4) 使用链式存储结构完成整数线性表的基本操作。

四、实验指导

(1) 创建一个整数线性表，实现其基本操作，编写主函数实现对基本操作的调用。

编程提示

整数线性表中的数据元素类型为 int。本例将实现线性表以下基本操作：初始化；打印(即显示)；定位(即查找)；插入；删除；取元素；取前趋及取后继等。下面给出整数线性表的建立过程。

① 定义线性表类型 ListType(结构体类型)，包含一个数组 data，预设存储空间为 MAX，表长为 n。

```
//定义常量 MAX
#define MAX 100
//定义整数线性表类型 ListType
typedef struct
{
    int data[MAX];//预设线性表的存储空间
    int n;            //表长
}ListType;
```

② 初始化操作——Initiate()：

```
//将 L 所指线性表的表长 n 置 0
void Initiate(ListType * L)
{
    将 L 所指线性表的表长 n 置 0
}
```

③ 显示操作——Show()：

```
//输出线性表 L 中所有元素值
void Show(ListType L)
{
    循环输出线性表 L 中每个元素值,输出值之间用一个空格分隔
}
```

④ 定位操作——Locate()：

```
//在线性表 L 中查找元素 x,找到则返回下标值,否则返回-1。
int Locate(ListType L,int x)
{
  inti;
  for(i=0;i<L.n;i++)
    if()
        ;
  return -1;
}
```

⑤ 插入操作——Insert()：

```
//在 L 所指线性表的第 i 号位置(i 从 0 开始)插入元素 x
void Insert(ListType * L, int i, int x)
{
    if (L->n ==MAX) //判断线性表满否
    {
        printf("线性表空间已满,不能进行插入操作,按任意键返回。");
        system("pause");
        return;
    }
```

```
if (i<0 || i>L->n)//判断插入位置 i 的合法性
{
    printf("插入的位置不正确,按任意键返回。");
    system("pause");
    return;
}
int j =L->n;
while (j >i)
{
    ;
    j--;
}
L->data[i] =x;
;
}
```

⑥ 删除操作——Delete():

```
//将 L 所指线性表中第 i 号元素删除
void Delete(ListType * L, int i)
{
    if (L->n ==0)
    {
        printf("这是空表,无法删除元素,按任意键返回。");
        system("pause");
        return;
    }
    if (i <0 || i >=L->n)
    {
        printf("删除位置不正确,按任意键返回。");
        system("pause");
        return;
    }
    while()
    {
        ;
        i++;
    }
    ;
}
```

⑦ 获取第 i 号元素——Getdada():

```
//返回 1,获取成功,并通过 x 获取线性表 L 中 i 号元素值。返回 0,获取失败。
intGetdata(ListType L, int i,int * x)
{
```

```
        int flag=0;
        if (i >=0 && i <L.n)
        {
            ;
        }
        return flag;
}
```

⑧ 取前趋元素——Priordata()：

```
//返回1,有前趋,并通过 x 带回线性表 L 中 i 号元素的前趋。返回 0,无前趋
int Priordata()
{
        int flag =0;
        if ()
        {
            * x =L.data[i-1];
            flag =1;
        }
        return flag;
}
```

⑨ 取后继元素——Nextdata()：

```
//返回1,有后继,并通过 x 带回线性表 L 中 i 号元素的后继。返回 0,无后继
int Nextdata(ListType L, int i, int * x)
{
        ;
        if (i >=0 && i <L.n -1)
        {
            ;
            flag =1;
        }
        return flag;
}
```

⑩ 定义主函数,实现对整数线性表各个操作的调用。

主函数完成以下操作：

- 定义 ListType 类型变量 list（即整数线性表变量）。
- 初始化 list 表。
- 从键盘为 list 表输入 10 个整数。
- 显示 list 表。
- 在 5 号位置插入整数 90,并显示插入后的 list 表。
- 在 list 表中查找值为 90 的元素,若存在,输出该元素的下标,否则显示"该元素不存在"。

- 删除表中 8 号位置元素,并显示删除后的 list 表。
- 显示值为 90 的元素的前趋。
- 显示值为 90 的元素的后继。
- 获取表中最后一个元素。

```
int main()
{
    定义一个线性表类型变量 list
    1.初始化线性表
    2.给 list 表添加 10 个整数
    for (i = 0; i < 10; i++)
    {
        输入一个整数 x
        调用插入函数插入 x
    }
    显示线性表
    3.在 5 号位置插入整数 90,并显示插入后的表
    4.在表中查找值为 90 的元素
    5.在表中删除 8 号位置的元素,并显示删除后的表
    6.显示值为 90 元素的前趋
    7.显示值为 90 元素的后继
    8.获取表中最后一个元素值
}
```

测试样例

程序参考代码

//整数线性表操作

```c
#include <stdio.h>
#include <windows.h>
#define MAX 100
typedef struct{
    int data[MAX];//预设线性表的存储空间
    int n;          //表长
} ListType;
//将 L 所指线性表的表长 n 置 0
void Initiate(ListType * L)
{
    L->n = 0;
}
void Show(ListType L)
{
    int i;
    for (i = 0; i<L.n; i++)
        printf("%d ", L.data[i]);
    printf("\n");
}
//在线性表 L 中查找元素 x,找到则返回下标值,否则返回-1
int Locate(ListType L, int x)
{
    int i;
    for (i = 0; i<L.n; i++)
    if (L.data[i] == x)
        return i;
    return -1;
}
void Insert(ListType * L, int i, int x)
{
    if (L->n == MAX) //判断线性表满否
    {
        printf("线性表空间已满,不能进行插入操作,按任意键返回。");
        system("pause");
        return;
    }
    if (i< 0 || i>L->n)//判断插入位置 i 的合法性
    {
        printf("插入的位置不正确,按任意键返回。");
        system("pause");
        return;
    }
    int j = L->n;
    while (j > i)
```

　　　　　　　　大学计算机——计算、构造与设计实验指导

```
        {
            L->data[j] =L->data[j-1];
            j--;
        }
        L->data[i] =x;
        L->n++;
}
void Delete(ListType * L, int i)
{
    if (L->n ==0)
    {
        printf("这是空表,无法删除元素,按任意键返回。");
        system("pause");
        return;
    }
    if (i <0 || i >=L->n)
    {
        printf("删除位置不正确,按任意键返回。");
        system("pause");
        return;
    }
    while(i <L->n-1)
    {
        L->data[i] =L->data[i +1];
        i++;
    }
    L->n--;
}
int Getdata(ListType L, int i, int * x)
{
    int flag =0;
    if (i >=0 && i <L.n)
    {
        * x =L.data[i];
        flag =1;
    }
    return flag;
}
int Priordata(ListType L, int i, int * x)
{
    int flag =0;
    if (i >0 && i <L.n)
    {
        * x =L.data[i-1];
```

```c
            flag = 1;
        }
    return flag;
}
int Nextdata(ListType L, int i, int * x)
{
    int flag = 0;
    if (i >= 0 && i < L.n - 1)
    {
        * x = L.data[i+1];
        flag = 1;
    }
    return flag;
}
int main()
{
    int i, x;
    ListType list;//定义一个线性表类型变量 list
    //初始化线性表
    printf("1.调用 Initiate 函数初始化线性表 list, "); system("pause");
    Initiate(&list);
    printf("  list 初始化完成,其表长为%d。", list.n);system("pause");
    printf("2.给 list 表添加 10 个整数,请输入: \n");
    for (i = 0; i < 10; i++)
    {
        scanf("%d", &x);
        Insert(&list, i, x);
    }
    printf("  添加数据完成,其表长为%d。表中的数据元素为: \n",list.n);
    //显示 list
    Show(list);
    system("pause");
    //在 5 号位置插入整数 90,并显示插入后的 list 表
    printf("3.在 5 号位置插入整数 90, ");system("pause");
    Insert(&list, 5, 90);
    printf("插入完成,其表长为%d,插入后表中的数据元素为: \n",list.n);
    Show(list);
    system("pause");
    //在 list 表中查找值为 90 的元素
    printf("4.在表中查找值为 90 的元素, ");system("pause");
    int k = Locate(list, 90);
    if (k == -1)
        printf("  该元素不存在! \n");
    else
```

```
        printf("  该元素存在,其下标是%d\n", k);
    system("pause");
    printf("5.在表中删除 8 号位置元素, "); system("pause");
    //删除表中 8 号位置元素,并显示删除后的 list 表
    Delete(&list, 8);
    printf("  删除完成,其表长为%d,删除后表中的数据元素为: \n",list.n);
    //显示 list
    Show(list);
    system("pause");
    //显示值为 90 元素的前趋
    printf("6.显示值为 90 元素的前趋, "); system("pause");
    k =Locate(list, 90); //确定 90 元素位置
    if (Priordata(list, k, &x) ==1)
        printf("  90 的前趋是%d\n", x);
    else
        printf("  90 无前趋元素。\n");
    system("pause");
    //显示值为 90 元素的后继
    printf("7.显示值为 90 元素的后继, "); system("pause");
    if (Nextdata(list, k, &x) ==1)
        printf("  90 的后继是%d\n", x);
    else
        printf("  90 无后继元素。\n");
    printf("8.获取表中最后一个元素值并输出。");system("pause");
    if (Getdata(list, list.n-1, &x) ==1)
        printf("  最后一个元素获取成功,其值为%d\n",x);
    else
        printf("  最后一个元素获取不成功.\n");
    return 0;
}
```

(2) 创建一个字符线性表,实现其基本操作。应用该线性表,将键盘输入的一行字符插入到表中,然后输出表中所有字符及其表长;再输入一个字符,从表中删除该字符(重复出现应多次删除),最后输出表中所有字符及其表长。

编程提示

字符线性表,其元素类型为 char。对整数线性表稍加修改很容易得到字符线性表的基本程序代码。main()函数的关键代码设计如下。

① 设字符线性表变量为 listchar,向 listchar 表中插入字符串:

```
int i=0;
char ch;
while((ch=getchar())!='\n')
{
  Insert(&listchar,i,ch);
```

```
        i++;
    }
    Show(listchar);
    printf("表长：%d\n",listchar.n);
```

② 在 listchar 表中，重复删除一个字符：

```
scanf("%c",&ch);
int k;
while((k=Locate(listchar,ch))!=-1)
{
    Delete(&listchar,k);
}
Show(listchar);
printf("表长：%d\n",listchar.n);
```

（3）创建学生通讯录线性表，实现其基本操作，编写主函数实现通讯录的应用。

编程提示

通讯录的格式如下：

通讯录

学号	姓名	宿舍	手机号码
22000000	张三	东 1-201	18610030118
22000003	李四	东 1-201	18610030220
22000004	王五	东 1-201	18610030223
…			

学生通讯录线性表中的数据元素与表格中的每行多个数据项对应。对于"复合"的数据元素常用结构类型加以描述。该例中的数据元素类型定义如下：

```
typedef struct {
    char num[9];
    char name[11];
    charhostel[11];
    char tel[12];
} Student;
```

其中 Student 为学生通讯录线性表中的数据元素类型。这样，学生通讯录线性表类型定义如下：

```
#define MAX 100          //定义常量 MAX
typedef struct{
    Student data[MAX]; //预设线性表的存储空间
```

```
    int n;                       //表长
} ListType;
```

其中，ListType 为"学生通讯录线性表"类型。

学生通讯录线性表的基本操作有一些与整数线性表相同（只是修改数据元素类型，即将 int 改为 Student），如初始化操作 Initiate()、插入操作 Insert() 以及删除操作 Delete()。

例如，仅将整数线性表的 Insert 的函数头 void Insert(ListType ∗ L, int i, int x) 修改为 void Insert(ListType ∗ L, int i, Student x)，其他代码不用作任何修改，即可实现学生通讯录线性表中的插入功能。修改后的插入函数代码如下：

```
void Insert(ListType ∗ L, int i, Student x)    //实现学生通讯录线性表的插入
{
    if (L->n ==MAX)                            //判断线性表满否
    {
        printf("线性表空间已满,不能进行插入操作,按任意键返回。");
        system("pause");
        return;
    }
    if (i<0 || i>L->n)                         //判断插入位置 i 的合法性
    {
        printf("插入的位置不正确,按任意键返回。");
        system("pause");
        return;
    }
    int j =L->n;
    while (j >i)
    {
        L->data[j] =L->data[j-1];
        j--;
    }
    L->data[i] =x;
    L->n++;
}
```

由于表中数据元素类型从基本型转为结构类型，结构类型数据的处理比简单类型复杂，因此其他操作代码需进一步修改后才能符合学生通讯录线性表操作的需求。

例如，要显示学生通讯录线性表，由于 C 语言中只能分项输出结构变量中各成员值，因此，显示学生通讯录线性表的操作代码如下：

```
void Show(ListType L)   //显示线性表
{
    int i;
    for (i =0; i<L.n; i++)
        printf ("%10s%12s%12s%14s\n", L.data[i].num, L.data[i].name,
                L.data[i].hostel, L.data[i].tel);
```

```
        printf("\n");
}
```

例如,学生通讯录线性表定位操作代码如下(在这里仅实现按学号进行查找):

```
int Locate(ListType L,char * x)
{
    int i;
    for (i = 0; i<L.n; i++)
    if (strcmp(L.data[i].num,x) == 0)
        return i;
    return -1;
}
```

主函数算法如下:

```
int main()
{
    定义通讯录线性表类型变量
    调用初始化函数;
    //菜单控制
    while(1)
    {
        printf("=======学生通讯录管理=======\n");
        printf("        1.录入学生数据\n");
        printf("        2.显示学生数据\n");
        printf("        3.插入学生数据\n");
        printf("        4.删除学生数据\n");
        printf("        5.退出 \n");
        printf(" ======================= \n");
        printf("请选择(1-5): ");
        scanf("%d",&n);
        switch(n)
        {
            case 1:调用插入函数录入 5 个学生信息
                    break;
            case 2:调用显示函数
                    break;
            case 3:调用插入函数插入一个学生数据
                    break;
            case 4:调用删除函数删除一个学生数据
                    break;
            case 5: exit(1);
        }
    }
    return 0;
}
```

（4）使用链式存储结构完成整数线性表的基本操作。

编程提示

整数链表的形式如下：

① 定义结点类型 Node（包含一个数据域和一个指针域的结构类型）：

```
typedef struct Node {
    int data;                //结点元素类型为 int
    struct Node * next;      //指向下一个结点
} Node;
```

② 初始化线性表 InitList：

```
void InitList(Node * * head)
{
    ;
}
```

③ 建立线性链表：

```
void CreateList(Node * * head) //创建一个非负的整数链表
{
    int x;
    Node * p, * q;           //p 指向新结点,q 指向链尾结点
    while (1)
    {
        scanf("%d", &x);    //输入-1 时链表创建结束
        if (x ==-1)break;
        p =;                //动态申请一个结点
        p->data =x;
        p->next =NULL;
        if (* head ==NULL)
        {
            * head=p;
            q = * head;
        }
        else
        {
            ;               //p 链接到 q 结点之后
            ;               //q 指向链尾
        }
    }
}
```

④ 插入结点（在线性链表中第 i 个结点之后插入新结点）：

```
void InsertList(Node * * head, int i, Node * t)
{
    Node * p = * head;
    int k =1;
    while (i !=k && p !=NULL)
    {
        k++;
        p =p->next;
    }
    if (i ==k)
    {
        ;//将 t 结点插入到 p 结点之后操作一
        ;//将 t 结点插入到 p 结点之后操作二
    }
    else
    {
        printf("插入结点位置 i 值错误,插入操作失败!");
        exit(1);
    }
}
```

⑤ 删除第 i 个结点：

```
void DeleteList(Node * * head, int i)
{
    Node * p = * head;
    if (i ==1)
    {
        * head =p->next;
        free(p);
    }
    else
    {
        int k =1;
        Node * q;
        while (i -1 !=k && p !=NULL)//寻找 i 的前趋结点
        {
            k++;
            p =p->next;
        }
        q =p->next;
        p->next =q->next;
        ;//释放已删除的结点
```

```
        }
}
```

⑥ 遍历整数链表：

```
void PrintList(Node * head)
{
    Node * p=head;
    while(p!=NULL)
    {
        printf("%d ",p->data);
        ;
    }
    printf("\n");
}
```

⑦ 编写 main 函数，实现以下操作：
- 定义线性表头指针 head。
- 初始化线性表。
- 创建线性链表（输入一组非负整数）。
- 遍历线性链表。
- 在第 i 个结点后插入一个新结点。
- 遍历插入操作后的线性链表。
- 删除第 i 个结点。
- 遍历删除后的线性链表。

测试样例

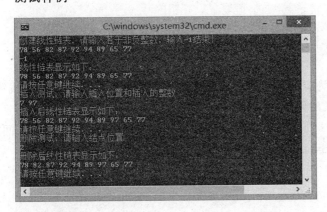

实验思考题

① 如果要将线性表中奇数位置上的元素删除，如何编写程序？

② 修改学生通讯录线性表的 Insert() 函数，在插入新元素之前，先检查要输入的记录的学号在线性表中是否已经存在，如果存在，提示"该学号已存在，无法插入"，不存在时则将新记录添加到线性表中。

③ 在线性链表中，如何实现在第 i 个结点处插入新结点？

10.2 栈 与 队 列

一、实验目的

（1）掌握使用数组实现栈的顺序存储的方法。

（2）掌握栈的初始化（置空栈）、入栈、出栈等基本操作。

（3）掌握使用数组实现队列的顺序存储的方法。

（4）掌握队列栈的初始化、入队、出队等基本操作。

二、实验环境

Windows 7 操作系统，Visual Studio 2013 或更高版本集成开发环境。

三、实验任务和要求

（1）创建字符栈，实现其基本操作，编写主函数实现对基本操作的调用。

（2）使用字符栈，判断表达式中的圆括号是否匹配。

（3）使用字符栈，判断一个字符串是否为回文字符串。

（4）使用字符栈，将一个十进制整数转换为对应的十六进制数。

（5）创建整数队列，实现其基本操作，编写主函数实现对基本操作的调用。

（6）使用整数队列，将一个十进制纯小数转换对应的二进制小数（最多保留 8 位小数）。

四、实验指导

（1）创建字符栈，实现其基本操作，编写主函数实现对基本操作的调用。

编程提示

字符栈中的数据元素类型为 char。本例将实现栈的以下基本操作：置空栈；入栈；出栈；判栈空等。下面给出字符栈的创建立过程。

① 定义字符栈类型 StackType（结构体类型），包含一个数组 data，预设存储空间为 MAX，栈顶为 top，栈底为 bottom。

```
//定义常量 MAX
#define MAX 100
//定义字符栈类型 StackType
typedef struct
{
    int data[MAX];      //预设顺序栈的存储空间
    int top;            //栈顶
    int bottom;         //栈底
}StackType;
```

② 置空栈操作——Clear():

```
//将栈定 top、栈底 bottom 置 0
void Clear(StackType * stack)
{
    ;
    stack->bottom = 0;
}
```

③ 判栈是否为空——IsEmpty():

```
//返回 1 表示空栈;返回 0 表示非空栈
int IsEmpty(StackType stack)
{
    if (stack.top == stack.bottom)
        return 1;        //空栈
    else
        return 0;        //非空栈
}
```

④ 入栈操作——push():

```
//返回 1 表示入栈成功;返回 0 表示栈溢出
int push(StackType * stack, char ch)
{
    if (stack->top <MAX)
    {
        ;
        return 1;        //插入成功
    }
    else
    {
        printf("栈已满,入栈操作失败!");
        system("pause");
        return 0;        //插入不成功
    }
}
```

⑤ 出栈操作——pop():

```
//返回 1,出栈成功,形参 ch 带回栈顶元素值;返回 0 表示出栈失败
int pop(StackType * stack,char * ch)
{
    if (IsEmpty(* stack) ==0) //如果栈非空
    {
        ;
        return 1;        //出栈成功
```

```
        }
        else
        {
            return 0;        //出栈操作失败
        }
    }
```

程序参考代码

```
#include <stdio.h>
#include <Windows.h>
//定义字符栈类型 StackType
#define MAX 100
typedef struct
{
    int data[MAX];       //预设顺序栈的存储空间
    int top;             //栈顶
    int bottom;          //栈底
} StackType;
//置空栈操作 Clear()
void Clear(StackType * stack)
{
    stack->top = 0;
    stack->bottom = 0;
}

//判栈是否为空,返回 1 表示空栈;返回 0 表示非空栈。
int IsEmpty(StackType stack)
{
    if (stack.top == stack.bottom)
        return 1;        //空栈
    else
        return 0;        //非空栈
}

//入栈操作,返回 1 表示入栈成功;返回 0 表示栈溢出
int push(StackType * stack, char ch)
{
    if (stack->top < MAX)
    {
        stack->data[stack->top] = ch;
        stack->top++;
        return 1;        //插入成功
    }
    else
    {
```

```
        printf("栈已满,入栈操作失败!");
        system("pause");
        return 0;          //插入不成功
    }
}


//出栈操作,返回 1 表示出栈成功,形参 ch 带回栈顶元素值;返回 0 表示出栈失败
int pop(StackType * stack,char * ch)
{
    if (IsEmpty(* stack) ==0)
    {
        stack->top--;
        * ch =stack->data[stack->top];
        return 1;
    }
    else
    {
        return 0;          //出栈失败
    }

}
int main()
{
    //创建字符栈
    StackType s;
    //栈的初始化
    Clear(&s);
    //调用 push 函数,向栈中添加一行字符
    char ch;
    while ((ch =getchar()) !='\n')
    {
        if (push(&s, ch) ==0)
        {
            exit(1);
        }
    }
    printf("入栈结束!\n");
    //调用 pop 函数,将栈中所有元素出栈。
    while (1)
    {
        if(pop(&s, &ch)==1)
        {
            putchar(ch);
        }
        else
        {
```

```
        printf("\n出栈结束！\n");
        break;
        }
    }
    return 0;
}
```

（2）使用字符栈，判断表达式中的圆括号是否匹配。

编程提示

判断表达式中的括号是否匹配，可借助字符栈实现。

方法：从左向右依次读入表达式中的每个字符，凡遇左括号，则进栈（入栈）；凡遇右括号，则出栈。

- 当表达式输入完成后，若字符栈为空，则说明表达式中括号匹配；否则为不匹配。
- 在处理表达式中，当遇右括号需要出栈时，发现栈为空（即栈中没有匹配的左括号），则说明输入表达式不匹配，可提前终止程序执行。

假设字符栈及操作代码已实现（可使用本实验第（1）题的代码），主函数中的关键如下：

```
int main()
{
    定义字符栈变量 s
    栈 s 初始化
    printf("输入表达式:\n");
    读一个字符 ch
    while (ch≠换行符)
    {
        ch 为左括号进栈
        ch 为右括号则出栈，当栈为空，输出"表达式中的括号不匹配!"，并停止执行
        读下一个字符 ch
    }
    if (IsEmpty(s) ==1)
    {
        printf("表达式中的括号匹配!\n");
    }
    else
        printf("表达式中的括号不匹配!\n");
    return 0;
}
```

（3）使用字符栈，判断一个字符串是否为回文字符串。

编程提示

使用已定义的字符栈及基本操作代码，添加主函数代码实现程序的功能。

① 定义字符数组 str，并给 str 读入一个字符串。

② 将 str 中的字符串按读入顺序压入字符栈中,这时,字符栈的出栈字符序列正好与数组 str 中存放的字符序列顺序相反。

③ 判断回文字符串的算法如下:

```
令 i=0;
while(字符栈非空)
{
    出栈一次(ch 获取栈顶字符);
    If str[i]≠ch
        输出"该字符串不是回文字符串",程序执行结束;
    Else
        i=i+1;
}
输出"该字符串是回文字符串",程序执行结束
```

主函数参考代码

```c
int main()
{
    int i =0;
    char ch, str[81];   //str 为字符数组
    StackType s;
    Clear(&s);
    printf("输入字符串: \n");
    gets(str);              //读入一个字符串
    //str 数组元素入栈
    while (str[i] !='\0')
    {
        if (push(&s, str[i]) ==0)
            exit(1);    //当栈溢出时,退出程序
        i++;
    }
    //判断回文字符串
    i =0;
    while (IsEmpty(s) ==0)
    {
        if (pop(&s, &ch) ==1)
            if (str[i++] !=ch)
            {
                printf("不是回文字符串。\n");
                exit(2);
            }
    }
    printf("是回文字符串。\n");
    return 0;
```

```
}
```

（4）使用字符栈，将一个十进制整数转换为对应的十六进制数。

编程提示

将一个十进制整数 n 转换为对应的十六进制数，方法是用 n 不断地整除 16 求余数，直到商为 0 为止，再将每次得到的余数按相反的次序输出即可。这里，可借助栈存放每次求得的余数（利用栈可以方便实现数据"后进先出"的功能）。另外，由于十六进制数包括 0～9 和 A～F 共 16 个符号，因此使用字符栈存放十六进制数符 0～F 字符是很方便的。

关键代码如下：

```
printf("输入一个十进制整数：");
scanf("%d", &n);
do
{
    ch = n % 16;
    if (ch < 10)
        ch = ch + '0';
    else
        ch = ch - 10 + 'A';
    ; //ch 入栈
    n = n / 16;
} while (n != 0);
printf("转换后的十六进制数：");
while (IsEmpty(s) == 0)
{
    ; //出栈操作，将栈顶元素存放在 ch 中
    printf("%c", ch);
}
printf("\n");
```

测试样例

（5）创建整数队列，实现其基本操作，编写主函数实现对基本操作的调用。

编程提示

整数队列中的数据元素类型为 int。本例将实现顺序队列（用数组存储）的以下基本操作：置空队列；入队；出队；判队列空等。下面给出整数队列的创建立过程。

① 定义整数队列类型 QueueType（结构体类型），包含一个数组 data，预设存储空间长度为 MAX，front 为队头，rear 为队尾。

```
//定义常量 MAX
```

```
#define MAX 100
//定义整数队列类型 QueueType
typedef struct
{
    int data[MAX];        //预设顺序队列的存储空间
    intfront;             //队头
    intrear;              //队尾
}QueueType;
```

② 置空队列操作——Clear()：

```
//将队头 front、队尾 rear 置 0
void Clear(QueueType * queue)
{
    ;
    queue->rear =0;
}
```

③ 判队列是否为空——IsEmpty()：

```
//返回 1 表示空队列;返回 0 表示非空队列
int IsEmpty(QueueType queue)
{
    if ()
        return 1;         //空队列
    else
        return 0;         //非队列
}
```

④ 入队操作——enqueue()：

```
//返回 1 表示入队成功;返回 0 表示队列溢出
intenqueue(QueueType * queue, int x)
{
    if (queue->front<MAX)
    {
        ;
        return 1;         //入队成功
    }
    else
    {
        printf("队列已满,入队操作失败!");
        system("pause");
        return 0;         //入队不成功
    }
}
```

⑤ 出队操作——dequeue():

```
//返回 1 表示出队成功,形参 x 带回队头元素值。返回 0 表示出队失败
int dequeue(QueueType * queue,int * x)
{
    if (IsEmpty(* queue) ==0) //如果队列非空
    {
        ;
        return 1;        //出队成功
    }
    else
    {
        return 0;        //出队操作失败
    }
}
int main()
{
    QueueType queue;
    Clear(&queue);
    printf("现在入队 3 个整数:87,90,98\n");
    enqueue(&queue, 87);
    enqueue(&queue, 90);
    enqueue(&queue, 98);
    int x,i=1;
    while (IsEmpty(queue) ==0)
    {
        printf("第%d次出队值为;",i++);
        dequeue(&queue, &x);
        printf("%d\n", x);
    }
    return 0;
}
```

测试样例

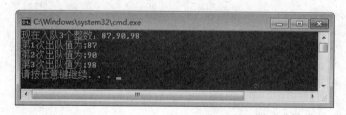

（6）使用整数队列,将一个十进制纯小数转换对应的二进制小数（最多保留 8 位小数）。

编程提示

一个十进制纯小数转换对应的二进制小数,是用该数不断地乘以 2 并取其整数部分,

直到小数部分为 0 或满足给定的精度。最后按顺序依次排列每次得到的整数部分数据，并在前面添上"0."即可形成二进制小数。借助队列实现对整数部分数据的"先进先出"控制功能。

在第(5)题所创建的整数队列及其基本操作的基础上，补充如下主函数所缺代码即可：

```c
int main()
{
    double x;
    int k;
    ;//定义整数队列变量 queue
    ;//初始化队列 queue
    printf("输入一个纯小数\n");
    scanf("%lf", &x);
    for (int i =1; i <=8; i++)
    {
        x =x * 2;
        k =(int)x;
        ;//整数部分 k 入队
        x =x-k;
        if (x <1e-8)break;
    }
    printf("转换为二进制数：0.");
    while () //为非空队列
    {
        ;//出队操作,队头元素由 k 带回
        printf("%d", k);
    }
    printf("\n");
    return 0;
}
```

测试样例

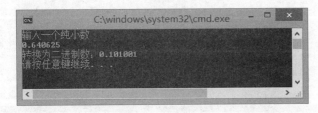

实验思考题

① 修改括号匹配的程序，使得程序可以同时检查表达式中不同的括号是否匹配，例如 "("和")"、"{"和"}"、"["和"]"。

② 修改括号匹配的程序，使得程序可以检查表达式中不同的中文引号是否匹配，例

如双引号""、单引号''。

③ 对于判断表达式中括号是否匹配的程序,如果运行时输入下面的表达式,程序的输出结果是什么?

2+3(

④ 从程序的运行结果可以看出,随着元素的出队,队头之前还有空间,但该空间无法利用。修改程序,将该队列改为循环队列,这样可以充分地利用空间。